物理化学实验

第 2 版

张秀芳　贺文英　主编

中国农业大学出版社

·北京·

内 容 简 介

　　本书第一部分为实验基础知识,主要介绍了物理化学实验的目的和要求、安全防护、实验的测量误差和数据处理方法等;第二部分为实验部分,共编入 22 个实验,涉及热力学、电化学、动力学、表面化学及胶体、结构化学和实际应用等内容。其中有 13 个基础实验,6 个综合性实验和3 个探索性实验。第三部分为附录,附有实验仪器设备的使用及各类物理化学实验参考数据。

图书在版编目(CIP)数据

　　物理化学实验/张秀芳,贺文英主编.—2 版.—北京:中国农业大学出版社,2016.8

　　ISBN 978-7-5655-1694-8

　　Ⅰ.①物… Ⅱ.①张…②贺… Ⅲ.①物理化学-化学实验 Ⅳ.①O64-33

　　中国版本图书馆 CIP 数据核字(2016)第 200974 号

书　　名	物理化学实验　第 2 版		
作　　者	张秀芳　贺文英　主编		
策划编辑	赵　中	**责任编辑**	冯雪梅
封面设计	郑　川	**责任校对**	王晓凤
出版发行	中国农业大学出版社		
社　　址	北京市海淀区圆明园西路 2 号	**邮政编码**	100193
电　　话	发行部 010-62818525,8625	**读者服务部**	010-62732336
	编辑部 010-62732617,2618	**出 版 部**	010-62733440
网　　址	http://www.cau.edu.cn/caup	**E-mail**	cbsszs@cau.edu.cn
经　　销	新华书店		
印　　刷	涿州市星河印刷有限公司		
版　　次	2016 年 8 月第 2 版　2016 年 8 月第 1 次印刷		
规　　格	787×980　16 开本　9.75 印张　170 千字		
定　　价	20.00 元		

图书如有质量问题本社发行部负责调换

编写人员

主　编　张秀芳　贺文英

副主编　高学艺

参　编　王克冰　施和平　李丽霞

第2版前言

物理化学实验是物理化学课程的重要组成部分,它与物理化学理论课相互依存,相辅相成。物理化学实验教学对于加深学生对理论课知识的理解、训练实验技能、掌握实验测试技术、培养解决实际问题能力有着重要作用。同时可以培养学生严肃认真、实事求是和一丝不苟的科学态度及作风。为此,我们结合多年的实验教学经验,参考国内同类兄弟院校物理化学实验课程的教材内容,精心编写了本实验教材。为了更好地满足物理化学实验的教学要求,我们十分重视实验测试技术的强化及应用潜力的开发,在编写过程中不断充实实验内容、优化实验方法、更新实验仪器。以夯实基础、注重综合、加强应用为主线进行编写,目的是通过物理化学实验的训练,让学生扎实地掌握物理化学的基础实验知识与实验技能,提高学生的分析问题与解决问题的能力,以及研究、创新能力。

全书在内容安排上深入浅出,循序渐进,既有传统的基础实验,也包含有与实际应用相结合的综合设计与探索性实验。本教材共分物理化学实验基础知识、物理化学实验和附录三大部分。第一部分为实验基础知识,主要介绍了物理化学实验的目的和要求、安全防护、实验的测量误差和数据处理方法等;第二部分为实验部分,共编入22个实验,涉及热力学、电化学、动力学、表面化学及胶体、结构化学和实际应用等内容。其中有13个基础实验,6个综合性实验和3个探索性实验。第三部分为附录,附有实验仪器设备的使用及各类物理化学实验参考数据。

参加第2版编写工作的人员有张秀芳、贺文英、高学艺、王克冰、施和平、李丽霞。全书由张秀芳、贺文英审稿定稿。在本教材的编写和出版过程中,受到内蒙古农业大学理学院的领导和化学教研室的各位教师及中国农业大学出版社的大力支持,在此表示深深的谢意!

由于编者水平有限,书中难免存在不足和错误之处,敬请广大师生批评指正,以便改进和提高。

编　者

2016 年 6 月

目　　录

第一部分　物理化学实验基础知识

第二部分　物理化学实验

第三部分　附　录

第一部分
物理化学实验基础知识

物理化学实验是化学实验的一个重要分支,是基础化学实验课程的一个重要组成部分,主要培养学生运用物理化学理论解决实际化学问题。它是借助于物理学的原理、技术和仪器,运用数学工具来研究物系的物理、化学性质和化学反应规律的一门科学,综合了化学领域中各学科的基本实验工具和方法,其中的研究方法和实验技能是化学工作者必须具有的基本功。随着实验技术与设备的不断发展与更新,物理化学实验研究渗透到自然科学的各个领域,其实验技术与研究方法在现代自然科学研究中得到广泛应用。

化学与物理学之间有着非常紧密的联系。化学过程常伴有物理过程的发生,如化学反应时常伴有体积的变化、压力的变化、热效应、电效应、光效应等,同时系统的温度、压力、浓度的变化,光的照射、电磁场等物理因素的作用也都可能引起化学变化,或影响化学变化的进行。物理化学就是从物质的物理现象和化学现象的联系入手,来探求化学变化基本规律的一门科学,因而物理化学实验主要是应用物理学的原理和技术,使用一种仪器或若干仪器结合在一起构成一个测量系统,对系统的某一物理化学性质进行测量,进而研究化学问题。物理化学实验具有以下特点:

(1)利用物理方法研究化学物系的性质和变化规律,涉及多种物理测量仪器和实验技术,综合性强。

(2)物理化学实验测量的数据往往需要利用数学的方法加以综合运算和整理才能得到所需的结果。

(3)在数据处理中涉及"测量误差"和"有效数字"等概念。

通过对物理化学实验课程的学习,同学们可以掌握物理化学实验的基本技术与研究方法,从而对物理化学理论有更深刻的理解和认识,提高灵活运用物理化学原理和实验技术解决实际问题的能力。

一、物理化学实验的目的和要求

(一)物理化学实验的目的

物理化学实验是物理化学课程的重要组成部分,是继普通物理、无机化学、分析化学和有机化学等实验课后的基础实验课。物理化学实验课的主要目的是:

(1)巩固并加深对物理化学课程中相关理论和概念的理解,提高学生对物理化学知识的灵活运用能力。

(2)使学生了解物理化学的实验方法,掌握物理化学的基本实验技术和技能,学会测定物质特性的基本方法,熟悉物理化学实验现象的观察与记录、实验条件的判断与选择、实验数据的测量与处理、实验结果的分析与归纳等一套严谨的实验方法。

（3）培养学生的动手能力、观察能力、创新思维能力、表达能力、查阅文献能力和处理实验结果的能力等。

（4）培养学生严肃认真、实事求是的科学态度和作风。

（二）物理化学实验的要求

为了达到物理化学实验的教学目的，做好每一次物理化学实验，提高物理化学实验的教学效果，保证物理化学实验的教学质量，应做到以下几点：

1. 实验预习

学生在做实验之前，要充分预习。预习的目的就是要对整个实验内容和方法做到心中有数，这是做好物理化学实验的关键步骤之一。通过充分预习，掌握实验原理，弄懂实验方法，了解所用仪器的使用方法及操作步骤，这样可以在实验的过程中不犯或少犯错误，避免事故的发生。在预习实验的基础上，写出预习实验报告。预习报告要求写出实验目的，实验原理，实验步骤以及实验时所要记录数据的表格，实验注意事项等。对设计性、研究性实验，必须在实验前提交实验方案，经教师审核方案后方可进行实验。教学实践表明，实验前的预习是否充分，直接关系到实验效果以及实验是否能正常进行。学生达到预习要求并经教师同意后，才可进行实验。

2. 实验操作

实验过程是培养学生动手能力与科学素养的有效途径和重要环节，也是学生掌握实验基本技术，达到实验目的的重要手段。所以在实验过程中，既要有严谨的科学态度，还要积极思考，善于发现问题，解决问题。进入实验室后，教师首先对学生进行提问和考查，检查学生的预习情况。而后，学生检查测量仪器和试剂是否符合要求，并做好实验的各项准备工作，记录实验进行的条件。在实验过程中，要严格按操作规程进行，不得随意改动。要认真仔细观察实验现象，详细记录原始数据，要求做到完全、准确、整齐、清楚。遇有异常现象，应立即找教师，一起分析，查出原因。另外，在实验中要注意勤俭节约，反对大手大脚，铺张浪费。实验完毕后，要整理和清洁实验所用的仪器、试剂和其他用品，放回原处。关好水、电、门、窗，得到教师同意后，方可离开实验室。

3. 实验报告

实验报告是整个物理化学实验中的一个重要环节，是每次实验的概括和总结，它能使学生数据处理、作图、误差分析、逻辑思维等方面得到训练，能使学生对实验的内容和方法更好地理解和掌握,是培养和提高学生写作能力的重要环节。实验报告应包括:实验目的、实验原理、实验步骤、数据记录与处理,实验结果与讨论等部分。书写实验报告时,要求开动脑筋、认真研究、耐心计算、仔细写作。完成物理化学实验报告,能使学生更好地掌握物理化学实验原理,加深对实验设计思想的理解,提高写作能力和培养严谨的科学态度。

二、物理化学探索性实验的设计方法

大多数的物理化学实验是在前人科学研究的基础上,经过归纳、总结、简化而逐渐形成的。因此,物理化学实验与科学研究工作之间有着密切的关联,在设计思想、测量原理和方法上基本相同,所以对学生进行探索性和设计性实验的训练,是对基础实验的提高和深化,对于初步培养其科学研究能力是十分重要的。

当学生得到探索性实验课题,在教师的指导下,应用已经学过的物理化学实验原理、方法和技术,查阅文献资料,独立设计实验方案,选择合理的仪器设备,组装实验装置,进行实验,完成实验要求,从而对学生进行全面的、综合性的实验技术训练,提高学生独立进行实验的能力。为了能够顺利完成实验,达到所要求的教学目的,设计方法应按如下步骤完成实验。

(1)认真研究实验课题的内容和要求,包括题目的范畴,数据结果要求的精密度和准确度,难点是什么,有哪些影响因素,能直接测量的量和间接测量的量有哪些等。

(2)根据实验课题查阅文献资料。包括实验原理、实验方法、仪器装置等,对不同方法进行分析、对比、综合、归纳等。

(3)对实验的整体方案进行设计和规划,拟定设计实验方案,选择合适的实验原理和测量方法。包括实验装置示意图、详细的实验步骤、所需的仪器和试剂等。

(4)选配合适的测量仪器。在测量原理和测量方法确立之后,应注重选配合适的测量仪器。所选仪器的灵敏度、最小分值和准确度应满足测量误差要求。测量装置要尽可能简便,容易操作与筹建。

(5)可行性论证与准备实验。在实验开始前一周进行实验可行性论证,由教师和同学提出存在问题,优化实验方案,并进行实验仪器、药品等准备工作。

(6)按照实验设计方案进行实验。实验设计方案是否可行,最后通过实验来验证。随时注意观察实验现象,善于发现问题,总结失败的经验教训,不断探索,不断改进和完善,反复实验直到成功。

(7)对实验数据进行分析、归纳与总结,以小论文形式书写实验总结报告。

三、物理化学实验的安全防护

在化学实验室里,安全是非常重要的,实验室中有各种实验所必需的试剂与仪器,所以常常潜藏着诸如着火、爆炸、中毒、灼伤、触电等安全隐患,这就要求实验者具备必要的安全防护知识,懂得应采取的预防措施,以及一旦发生事故应及时采取的处理方法。这里主要结合物理化学实验的特点从安全用电、使用化学试剂及仪器的安全、防止环境污染三个方面作如下介绍。

(一)安全用电常识

违章用电常常可能造成人身伤亡、火灾、仪器损坏等严重事故。在物理化学实验室中,实验者要接触和使用各类电器设备,因此要了解使用电器设备的安全防护知识。为了保障人身安全,一定要遵守以下安全用电规则。

(1)使用仪器要正确选用电源,接线要正确、牢固。物理化学实验室总电闸一般允许最大电流为30~50 A。超过时会使保险丝熔断。一般实验台上最大允许电流为15 A。使用功率很大的仪器,应事先计算电流量。应严格按照规定的安培数接保险,否则长期使用超过规定负荷的电流时,容易引起火灾或其他严重事故。不能用试电笔去试高压电,使用高压电源应有专门的防护措施。

(2)尽可能不使电线、电器受到水淋或浸在导电的液体中。操作仪器时手要保持干燥,切记不要用手摸电源。

(3)实验时,应先连接好电路,再接通电源。实验结束时,应先切断电源,再拆线路。

(4)在电器仪表使用过程中,如发现有不正常声响,局部温升或有绝缘漆过热产生的焦糊味,应立即切断电源,并报告教师进行检查。

(5)如果有人不慎发生触电事故,应立即切断电源开关,并请医生救治。

(二)使用化学药品的安全防护

1.防毒

许多化学药品都有毒性。其毒性可通过呼吸道、消化道、皮肤等进入人体。防毒的关键是尽量减少或杜绝毒物进入人体,因此实验前应了解所用药品的毒性、性能和保护措施。操作有毒气体应在通风橱内进行,剧毒药品应妥善保管并小心使用。不要在实验室喝水、饮食等,离开实验室要洗手。

2.防爆

可燃性气体与空气混合比例达到爆炸极限时,只要有适当的热源诱发,就会引起爆炸。所以防止爆炸就要从两个方面进行防护。一方面应尽量防止可燃性气体散失到空气中,并保持室内通风良好,不使其形成可能发生爆炸的混合气体。另一方面,在操作大量可燃性气体时,要尽量避免明火,严禁用可能产生电火花的电器以及防止铁器撞击产生火花等。

有些固体试剂如高氧化物,过氧化物等受热或受到震动时易引起爆炸,使用时应按要求进行操作。特别应防止强氧化剂与强还原剂存放在一起。在操作可能发生爆炸的实验时,应有防爆措施。

3. 防火

许多有机溶剂如乙醚、丙酮等非常容易燃烧,使用时室内不能有明火、电火花等。用后要及时回收处理,不可倒入下水道,以免聚集引起火灾。实验室内不可存放过多这类药品。另外,有些物质如磷、金属钠及比表面很大的金属粉末(如铁、铝等)易氧化自燃,在存放和使用时要特别小心。实验室一旦起火,要立即灭火,同时防止火势蔓延(如采取切断电源,移走易燃品等措施)。灭火要针对起火原因选用合适的灭火方法,科学灭火。一般的小火用湿布、石棉布或沙子覆盖燃烧物,即可被扑灭。火势大时可用泡沫灭火器。但电器设备所引起的火灾,只能使用二氧化碳或四氯化碳灭火器,不能使用泡沫灭火器,也不能用水浇,以免触电。

4. 防灼伤

强酸、强碱、强氧化剂等都会腐蚀皮肤,尤其要防止进入眼内,使用时除了要有防护措施外,实验者一定要按照规定操作。实验室还有高温灼伤如电炉、高温炉和低温冻伤如干冰、液氨等,在进行这些操作时都应按规定操作。一旦受伤要及时治疗。

(三)环境安全

环境受到化学公害是目前人们日益关心和认识到的问题。无论在化学实验室或其他地方,实际上都不可能不受到化学公害或是没有受到化学公害的危险,化学工作者的职责之一是认识了解化学公害并推断需要采取哪些预防措施来消除或限制这些化学公害。化学药品大都有一定的毒性,随意排放会造成污染。在实验操作结束后,废弃的药品能回收的最好回收,不能回收的一定要按照要求进行处理后才能排放。实验废弃的药品排放时一定要符合环保要求。

四、误差分析和数据处理

物理化学实验通常是在一定条件下测定系统的一种或几种物理量的大小,然后用计算或作图的方法得到所需的实验结果。在测定过程中，即使采用最可靠的测量方法，使用最精密的仪器，由技术很熟练的人员进行操作，也不可能得到绝对准确的结果。因为在任何测量过程中，误差是客观存在的。因此我们应该了解实验过程中误差产生的原因及出现的规律，以便采取相应措施减少误差。另一方面，需要对测试数据进行正确处理，以获得最可靠的数据信息。在物理化学实验课中，要求学生能根据误差理论来科学的分析和处理实验数据，并能正确地表达实验结果。这也是衡量学生掌握实验技能的一项重要指标。下面仅对误差的基本概念、偶然误差与正态分布、有效数字的运算和实验数据的表示方法等作简要介绍。

(一)误差的基本概念

1.误差的定义

对一切物理量进行测量后，测量结果与该物理量的真值之差称为误差。即

$$误差＝测量值－真值 \tag{1-1}$$

通常来说，真值是未知的，因此误差也是未知的。有些情况下，真值是可知的。

式(1-1)表示的误差反映了测量值偏离真值的大小，因此又称绝对误差。通常为了描述测量的准确度，经常使用误差的另一种表达方式——相对误差。误差与真值之比称为相对误差，即

$$相对误差＝\frac{误差}{真值} \tag{1-2}$$

2.误差的分类

根据误差的性质和来源，可以把误差可分为三类：系统误差、偶然误差和过失误差。

(1)系统误差　系统误差又称恒定误差，它是由于某种特殊原因造成的误差。这种误差使实验结果永远朝一个方向偏离，或者全部偏大，或者全部偏小。

产生系统误差的主要原因有：

①仪器误差　它是由于仪器构造不够完善或校正与调节不适当所引起的。这种误差可以通过一定的检定方法发现出来，并可以进行校正。

②试剂误差　在化学实验中，由于所用试剂纯度不够而引起的误差。

③方法误差　测量方法所依据的理论不完善或使用近似公式造成的误差。只有用多种方法测得的同一数据相一致时，才可认为方法误差已基本消除，结果是可取的。

④环境误差　这是由于实验过程中外界温度、压力、湿度等变化引起的误差。

⑤个人误差 个人误差是由进行测量的操作人员的习惯和特点引起的误差。主要是因为测量人员感觉器官的分辨能力、反应滞后、习惯感觉等因素而引起的观测误差。

系统误差影响了测量结果的准确程度，必须消除系统误差的影响，才能有效地提高测量的精确度。对于系统误差，只要找出原因是可以设法消除的。但靠增加测量次数减少不了系统误差，这是因为在相同条件下，系统误差相同。通常采用几种不同的实验技术，或采用不同的实验方法，或改变实验条件、更换仪器、提高试剂纯度等，以确定是否存在系统误差，设法使之消除或减至最小。因此，单凭一种方法所得结果往往不是十分可靠的，只有由不同实验者、用不同的方法、不同的仪器得到相符的数据，才能认为系统误差基本消除。

（2）偶然误差 偶然误差也称随机误差。它是由某些难以控制的偶然因素造成的。在实验测定时，气压、电压的微小变化，环境温度和湿度的变化，仪器性能的微小变化都可能引起误差。偶然误差是不可避免的，其特点是误差值围绕着某一数值上、下有规律的变动。偶然误差的出现表面上看没有确定的规律，即前一误差出现后，不能料想下一个测量误差的大小和方向，但就其总体而言，具有统计规律性，符合正态分布规律。实践经验证明，在相同条件下，多次测量同一物理量，当测量次数足够多时，出现偶然误差数值相等、符号相反的数值的概率近乎相等。因此，通过增加测量次数可使偶然误差减小到某种程度。

（3）过失误差 过失误差是由于实验者的过失或错误引起的误差，如读错数据、记录错误、加错试剂等。实验中发现过失误差，只能放弃实验结果，重新进行实验。过失误差无规律可循，只要实验者操作认真仔细，加强责任心就可以避免。

（二）误差的表示方法

为了评价某物理量测量的质量。需要对一组平行测量的误差作出计算。测量误差通常用平均偏差、相对平均偏差、标准偏差和相对标准偏差等来表示。

1. 算术平均值 $\bar{x}$

$$\bar{x} = \frac{x_1 + x_2 + x_3 + \cdots + x_n}{n}$$

式中：$x_1, x_2, x_3, \cdots, x_n$ 为各测量值，n 为测量次数。

2. 平均偏差与相对平均偏差

平均偏差：$\bar{d} = \dfrac{\sum |d_n|}{n}$。

式中：d_i 为各次测量值与算数平均值的偏差，即 $d_1 = x_1 - \bar{x}, d_2 = x_2 - \bar{x}, \cdots, d_n = x_n - \bar{x}$。

相对平均偏差：$\bar{d_r} = \dfrac{\bar{d}}{\bar{x}} \times 100\%$。

(3)标准偏差与相对标准偏差

标准偏差：$s = \sqrt{\dfrac{\sum (x_i - \bar{x})^2}{n-1}}$。

相对标准偏差：又称变异系数(CV)，$s_r = \dfrac{s}{\bar{x}} \times 100\%$。

(三)准确度与精密度

准确度是指实验结果与真值的符合程度。它表示测定结果的可靠性，用误差值的大小来衡量准确度的高低。误差越小，准确度就越高。在实际测定工作中，人们在同一条件下平行测定几次，几次测定值之间相互接近的程度就是精密度(或称精确度)。精密度是指测量数值重复性的大小。它揭示了偶然误差的影响，偶然误差越小，测量值彼此越符合，精密度越高。准确度与精密度两者既有区别又有联系。测定结果的精密度高，不一定准确度也高；高的准确度必须以其精密度高为前提；对精密度低的数据，虽然由于测定的次数多可能使正负偏差相互抵消，但已失去衡量准确度的前提，衡量其准确度没有意义。

(四)实验数据处理

1.有效数字

有效数字就是实际能测量到的有实际意义的数字。它不但反映了测量的"量"的多少，而且也反映了测量的准确程度。有效数字包括测量中全部准确数字和一位估计数字。有效数字的位数反映了测量的准确程度，它与测量中所用仪器有关。例如，我们量取某液体的体积，用最小分度为 0.1 mL 的滴定管量取 5.12 mL，用最小分度为 1 mL 的小量筒量取为 5.1 mL，前者是三位有效数字，5 和 1 是准确数字，2 是估计数字，后者是二位有效数字，5 是准确数字，1 是估计数字。可见，用滴定管量取比小量筒准确。

有关有效数字的表示方法及其运算规则综述如下：

(1)误差一般只有一位有效数字，至多不超过二位。

(2)任何一个物理量的数据，其有效数字的最后一位，在位数上应与误差的最后一位划齐。例如，记成 1.35±0.01 是正确的，若记成 1.351±0.01 就夸大了结果的精密度，记成 1.3±0.01 则缩小了结果的精密度。

(3)确定有效数字位数时,应注意"0"这个符号。紧接小数点后的 0 仅用来确定小数点的位置,并不作为有效数字。例如,0.002 6 中小数点后的两个 0 不作为有效数字。但小数点前的位数不为 0 时,则其后的 0 应为有效数字,例如,1.000 0 中小数点后四个 0 均为有效数字。对于尾部有 0,如 48 000 这样的数,末位的 0 可以是有效数字,也可以是定位的非有效数字。为了避免混淆,应根据实际情况用 10 的指数来表示。48 000 写成 4.8×10^4 为二位有效数字,写成 4.80×10^4 为三位有效数字。

(4)任何一次测量,都应记录到仪器刻度的最小估计读数。

(5)在运算中舍去多余的数字时,采用"4 舍 6 入逢 5 尾留双"的法则。

(6)当几个数据相加或相减时,运算结果的绝对误差应与各数绝对误差最大的相对应,有效数字的保留,应以小数点的后位数最少的数字为依据。例如,13.65、0.008 2、1.632 三个数相加,其和为:

$$13.61 + 0.01 + 1.63 = 15.29$$

(7)几个数据相乘除时,积或商的有效数据的保留,应以其中相对误差最大的那个数,即有效数字最少的那个为依据。若第一位有效数字大于或等于 8 时,其有效数字可多取一位。例如,$1.436 \times 0.020568 \div 85$ 为:

$$\frac{1.44 \times 0.020\ 6}{85} = 3.49 \times 10^{-4}$$

(8)当进行对数运算时,对数中的首数不是有效数字,对数的尾数的位数,应与各数据的有效数字相当。例如,$c(H^+) = 7.6 \times 10^{-4}$ 为两位有效数字,pH$= 3.12$。

(9)在所有计算式中,常数 π、e 及乘子如 $\sqrt{2}$、$\frac{1}{3}$ 等的有效数字的位数,可认为无限制,即在计算中需要几位就可以写几位。

2. 实验数据的表达

实验数据是表达实验结果的重要方式。因此,要求实验者将测量的数据正确地记录下来,加以整理、归纳、处理,并正确表达实验结果所获得的规律。实验数据的表示法主要有三种方式:列表法、作图法和数学方程式法。这三种方法各有优缺点,具体采用哪种方法表示取决于数据表示的目的。现将这三种方法的应用及表达时应注意事项分别叙述如下:

(1)列表法 在物理化学实验中,将实验数据及计算结果整齐而有规律的用表格的形式表达出来。其优点是能使全部数据一目了然,便于分析和讨论。

利用列表法表达实验数据和计算结果时,通常将自变量 x 和因变量 y 一一对应排列起来,纵项和横项分别表示自变量和因变量,数值按大小次序编排。作表格时,应注意以下几点:

①表格名称　每一表格均有一完全而简明的名称。

②行名与量纲　由于在表中列出的常常是一些纯数(数值),根据物理量＝数值×单位这一关系,因此位于这些纯数之前或之首的表示式也应该是一纯数。即量的符号除以单位,数值(纯数)＝物理量/单位。如 $t/℃$ 或 p/Pa,或是表示这些纯数的数学函数式如 $\ln(p/Pa)$ 等。这样将表格分成若干行,每一变量应占表格中的一行。每一行的每一格应详细地写上该行变量的名称、量纲和因次。

③有效数字　每一行所记数据,应注意其有效数字的位数,并将小数点对齐。为简便起见可将表示数据中小数点位置的指数放在行名旁,但须注意此指数的正负号应相应易号。例如,醋酸的离解常数 $K_a^{\ominus} = 1.76 \times 10^{-5}$,则该行的行名可写成 $K_a^{\ominus} \times 10^5$。

④自变量的选择　自变量的选择有时有一定的伸缩性,通常选择较简单的,例如温度、时间、距离等。自变量最好是均匀的、等间隔的增加。若实际测定情况不是这样,可先将直接测定数据作图,由图上读出自变量是均匀的、等间隔的增加的一套新数据,再作表。

⑤原始数据　可与处理结果并列在一张表中,而把处理的方法和运算公式在表下注明。实验条件和环境条件应在表中或表外注明,如室温、大气压、测定日期和时间等。

列表法虽然简单,但却表示不出各数值间连续变化的规律和取得实验数据范围的任意的自变量和因变量的对应值,故常用作图法。

(2)作图法　利用实验数据作图,可使各数据间的相互关系表现得更好、更直观。利用图形表达实验结果有许多好处,它既能直接显示出数据的特点,如极大、极小、转折点等,又能利用图形对数据作进一步处理,如求内插值、外推值、曲线某点切线斜率、极值点及直线的斜率、截距等。

由于作图法的广泛应用,因此作图技术也应认真掌握,下面列出作图的一般步骤及作图规则。

①坐标纸及比例尺的选择　坐标纸有直角坐标纸、对数坐标纸、半对数坐标纸、三角坐标纸和极坐标纸。最常用的是直角坐标纸。作图时以横轴表示自变量,纵轴表示因变量。纵横轴不一定由 0 开始,应视实验具体要求的数值范围而定。比例尺的选择非常重要,需遵守以下各点:

a.坐标刻度要能表示出全部有效数字。使图中得出的精密度与测量的精密度相当。

b.图纸中每小格所对应的数值应便于读数。一般采用1、2、5最方便,切忌采用3、6、7、9。

c.充分利用图纸全部面积,使全图分布均匀,合理。

d.若作直线求斜率,则比例尺选择应使直线布置在图纸的对角线附近,这样斜率测得误差最小。

e.若作曲线求特殊点,则比例尺的选择应以特殊点反映明显为度。

②坐标轴　选定比例尺画上坐标轴,在轴旁注明该轴所代表的变量名称及单位。应注意与列表法道理相同,曲线图坐标上的标注也应该是一纯数的式子。如 $\ln(p/Pa)$ 与 T/K 的关系,而不应写成"$\ln p$、Pa"或"$\ln p(Pa)$"与"$T \cdot K$"或"$T(K)$"的关系。在纵轴的左边及横轴的下面,每隔一定距离写出该处变量应有的值,以便作图及读数,但不应将实验值写于坐标轴旁或代表点旁。读数横轴自左至右,纵轴自下而上。

③代表点　代表点是指测得的各数据在图上的点。将相当于测得数值的各点绘于图上,在点的周围画圆圈、方块、三角或其他符号。若同一图纸上有数组不同的测量值时,各测量值的代表点应当用不同的符号表示,以便区别,并在图上予以说明。

④连曲线　作出各代表点后,用曲线板或曲线尺作出尽可能接近于各实验点的曲线,曲线应平滑均匀,细而清晰。曲线不必通过所有点,但各点分布在曲线两旁,在数量上应近似相等。测量点和曲线间距离表示测量误差,要求曲线与各点间的距离尽可能小,并且曲线两侧各点与曲线距离之和近似相等。

⑤写图名　曲线作好后,最后还应在图上写出清楚完备的图名及坐标轴的比例尺,图上除图名、比例尺、曲线、坐标轴及读数外,一般不写其他内容及其作辅助线。以免影响主要部分,数据不要写在图上,但在实验报告上有完整的数据。

(3)数学方程式法　数学方程式法就是将实验中各变量的依赖关系用数学方程式或经验方程式的形式表达出来,作为客观规律的一种近似描述的方法。数学方程式是理论探讨的线索和根据,它简明清晰,便于微分、积分及求内插值等。在实验拟合方程中,一旦确定了实验参数,因变量与自变量已有明晰的关系,很方便由自变量计算因变量,非常实用。因此,数学方程式法处理实验数据的任务就是采用适当的数学方法确定数学方程式中的相关参数。

①建立数学方程式的方法　当不知道所测量变量间的解析依赖关系时,一般通过下列方法建立数学方程式。

a.将实验测定的数据加以整理,找出自变量、因变量后作图,绘出曲线。

b. 将所得曲线形状与已知函数的曲线形状比较,判断曲线的类型。

c. 根据比较结果确定函数式的形式,将曲线关系变换成直线关系。常见的例子如表 1-1 所示。

表 1-1   曲线方程直线化示例

方程式	变换	直线化方程
$y = ae^{bx}$	$Y = \ln y$	$Y = \ln a + bx$
$y = ax^b$	$Y = \ln y, X = \ln x$	$Y = \ln a + bx$
$y = \dfrac{1}{a + bx}$	$Y = \dfrac{1}{y}$	$Y = a + bx$
$y = \dfrac{x}{a + bx}$	$Y = \dfrac{x}{y}$	$Y = a + bx$

d. 若曲线无法线性化,可将原函数表示成多项式,多项式项数的多少以结果能表示的精密度在实验误差范围内为准。

②确定直线方程常数的方法   设直线方程为 $y = mx + b$,确定方程常数 m 和 b 有两种方法。

a. 图解法   在直角坐标纸上,用实验数据作图,得直线。将直线延长与 y 轴相交,在 y 轴上的截距即为 b。若直线与 x 轴的夹角为 θ,则 $m = \text{tg}\theta$。图解法的不足是求得的常数的准确度受作图精度的影响,特别是作图点较分散时,误差较大。

另外,也可以在直线上任选两个点 (x_1, y_1) 和 (x_2, y_2),因为它们都在直线上,必然符合直线方程,所以得:

$$y_1 = mx_1 + b$$
$$y_2 = mx_2 + b$$

解此方程组,即得 m、b。为了减少误差,所取两点不宜相隔太近,一般在直线的两个端点邻近选取两点。

b. 计算法   利用实验测得的数据计算。设实验测得的 n 组数据:(x_1, y_1)、(x_2, y_2)、…、(x_n, y_n),且都符合直线方程组:

$$y_1 = mx_1 + b$$
$$y_2 = mx_2 + b$$
$$\vdots \qquad \vdots \qquad \vdots$$
$$y_n = mx_n + b$$

由于测定值都有偏差,若定义:

$$\delta_i = mx_i + b - y_i$$

$i = 1, 2, 3, \cdots, n, \delta_i$ 为第 i 组数据的残差。通过残差处理,可求得 m 和 b。

对残差的处理有两种方法:

第一种平均法:

平均法的基本思想是正、负残差的代数和为零,即:

$$\sum_{i=1}^{n} \delta_i = 0$$

但这样仅得一个条件方程,不能解出两个未知数 m 和 b。因此将测得的数据分成数目相等的两组,并叠加起来,得到下面两个方程:

$$\sum_{i=1}^{k} \delta_i = m \sum_{i=1}^{k} x_i + kb - \sum_{i=1}^{k} y_i = 0$$

$$\sum_{i=k+1}^{n} \delta_i = m \sum_{i=k+1}^{n} x_i + (n-k)b - \sum_{i=k+1}^{n} y_i = 0$$

将上面两个方程联立解之,便可求得 m 和 b。

第二种最小二乘法:

平均法的设想并不严密,因为在有限次测量中,残差之代数和并不一定为零。最小二乘法则认为在有限次测量中,最佳结果应能使标准误差最小,所以残差的平方和应为最小。

设 S 为残差的平方和,则

$$S = \sum_{i=1}^{n} \delta_i^2 = \sum_{i=1}^{n} (mx_i + b - y_i)^2$$

使 S 最小的必要条件为:

$$\frac{\partial S}{\partial m} = 2 \sum_{i=1}^{n} x_i (mx_i + b - y_i) = 0$$

$$\frac{\partial S}{\partial b} = 2 \sum_{i=1}^{n} (mx_i + b - y_i) = 0$$

将上两式联立,便可解出 m 和 b:

$$m = \frac{n\sum_{i=1}^{n}x_iy_i - \sum_{i=1}^{n}x_i\sum_{i=1}^{n}y_i}{n\sum_{i=1}^{n}x_i^2 - \left(\sum_{i=1}^{n}x_i\right)^2}$$

$$b = \frac{\sum_{i=1}^{n}x_i^2\sum_{i=1}^{n}y_i - \sum_{i=1}^{n}x_i\sum_{i=1}^{n}x_iy_i}{n\sum_{i=1}^{n}x_i^2 - \left(\sum_{i=1}^{n}x_i\right)^2}$$

虽然最小二乘法计算复杂,但随着计算机的发展,最小二乘法处理数据愈来愈被广泛采用。

第二部分
物理化学实验

基础实验

实验一　燃烧热的测定

一、实验目的要求

1. 用氧弹热量计测定萘的燃烧热。
2. 明确燃烧热的定义，了解恒压燃烧热与恒容燃烧热的差别及相互关系。
3. 了解热量计中主要部分的作用，掌握氧弹热量计的实验技术。
4. 学会雷诺图解法校正温度改变值。

二、实验原理

1. 燃烧热与量热

燃烧热是热化学中一种最基本、最重要的数据，其不仅有应用价值，还可以用于求算化合物的生成热、键能等。

根据热化学的定义，1 mol 物质完全氧化时的反应热称作燃烧热。量热法是热力学的一个基本实验方法。在恒容或恒压条件下，可以分别测得恒容燃烧热 Q_V 和恒压燃烧热 Q_p。由热力学第一定律可知，Q_V 等于体系内能变化 ΔU；Q_p 等于其焓变 ΔH。若把参加反应的气体和反应生成的气体都作为理想气体处理，则它们之间存在以下关系：

$$Q_p = Q_V + \Delta nRT \tag{2-1-1}$$

热量计的种类很多，本实验所用氧弹热量计是一种环境恒温式的热量计。氧弹结构如图 2-1-1 所示。

2. 氧弹热量计

氧弹测定物质的燃烧热是定容燃烧热（Q_V），其基本原理是能量守恒定律。样品完全燃烧所释放的能量使得氧弹本身及其周围的介质和热量计有关附件的温度

升高。测量介质在燃烧前后温度的变化值,就可求算该样品的恒容燃烧热。其关系式如下:

$$\frac{m}{M}Q_V = W_r \cdot \Delta T - Q_{\text{点火丝}} \cdot m_{\text{点火丝}} \qquad (2\text{-}1\text{-}2)$$

式中,M 为待测物质的摩尔质量;m 为待测物质的质量;$Q_{\text{点火丝}}$ 为点火丝的燃烧热(铁丝,$Q_{\text{点火丝}}=6\ 694.4\ \text{J} \cdot \text{g}^{-1}$);$m_{\text{点火丝}}$ 为点火丝的质量;ΔT 为样品燃烧前后氧弹(包括介质)温度的变化值。W_r 为量热计的水当量,它表示量热计(包括介质)每升高一度所需要吸收的热量,量热计的水当量可以通过已知燃烧热的标准物(如苯甲酸,它的恒容燃烧热为 26.460 kJ · g^{-1})来标定。已知量热计的水当量后,就可以利用(2-1-2)式通过实验测定其他物质的燃烧热。

氧弹是一个特制的不锈钢容器。为了保证样品迅速完全燃烧,氧弹中应充入压力为 1.5~2.0 MPa 的高压氧气。为防止充氧时将样品吹散必须在实验前对样品压片。充氧后的氧弹放在装有一定量的水(3 000 mL)的桶中,水桶外是空气隔热层,再外边是温度恒定的水夹套。

本实验的氧弹式量热计(图 2-1-1)虽然采取了一些绝热措施,但仍不是严格的绝热系统,加之带进的搅拌热、放热传热速度的限制等等,因此需用雷诺图法对温度进行校正,方法如下:

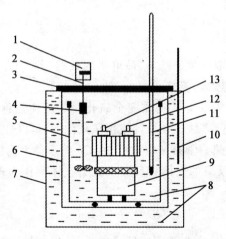

图 2-1-1　氧弹式热量计原理结构图

1.马达;2.搅拌器轴;3.外套盖;4.绝热轴;5.量热内桶;6.外套内壁;7.热量计外套;
8.水;9.氧弹;10.水银温度计;11.温度传感器;12.氧弹进气阀;13.氧弹放气阀

当适量燃烧物质燃烧后,量热计中的水温上升 $1.5\sim2.0℃$。将燃烧前后水温随时间的变化记录下来,并作图,连成 $abcd$ 曲线(图 2-1-2)。图中 b 点是开始燃烧之点, c 点为观测到的温度转折点,由于不能完全避免系统与外界的热量交换,曲线 ab 和 cd 发生倾斜,因此在曲线上取一点 o,使 $T_o=(T_b+T_c)/2$,过 o 点作垂直于横轴的垂线,此线与 ab 和 cd 的延长线分别交于 E 和 F 点,则 F 和 E 对应的温度差即为校正好的温度升高值 ΔT。必须注意,运用作图法进行校正时,量热计和环境温差不宜过大(最好不要超过 $1℃$),否则引起误差较大。

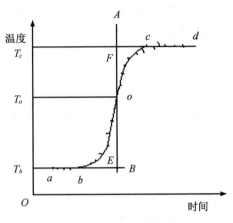

图 2-1-2 雷诺温度校正图

三、仪器和试剂

(一)仪器

氧弹量热计	1 套	台秤	1 台
万用电表	1 个	氧气钢瓶	1 瓶
温度计	1 支	容量瓶(1 000 mL)	1 只
压片机	2 台	剪刀	1 把

(二)试剂

引燃专用铁丝,苯甲酸(分析纯),萘(分析纯)。

四、实验步骤

(一)测定量热计的水当量

1.将外套装满水,实验前用外套搅拌器将外筒水温搅拌均匀、将量热计及全部附件加以整理并洗净。

2.样品制作

用台秤称取大约 1 g 苯甲酸(勿超过 1.1 g),在压片机压成圆片。样品压得太紧,点火时不易全部燃烧;压得太松,样品容易脱落。将样品在干净的玻璃板上轻击二三次,再用分析天平精确称量。

3.装样并充氧气

把氧弹的弹头放在弹头架上,将样品放入燃烧皿内,取 12 cm 长的引燃铁丝,将引燃铁丝的两端固定在两个电极柱上,然后,在氧弹中加入 10 mL 蒸馏水,拧紧氧弹盖。

4.充氧

使高压钢瓶的进气管与氧弹连接,缓慢充入氧气直至氧弹内压力为 1.5~2.0 MPa,氧弹不应漏气。

5.用万用电表检测氧弹两电极间是否通路(万用电表的电阻不大于 10Ω 即可)。

6.调节水温

把上述氧弹放入内桶氧弹座架上,再用容量瓶向内筒加入 3 000 mL 水,水面应至氧弹进气阀螺帽高度的约 2/3 处,每次用水量应相同。打开精密温度温差仪的电源并将其传感器插入外筒水中测其温度,再测内筒温度使内筒温度低于外筒水温 1℃左右。接上点火导线,并连好控制箱上的所有电路导线,盖上胶木盖,将测量传热器插入内桶。

7.点火

打开电源和搅拌开关,仪器开始显示内桶水温。水温基本稳定后,将温差仪"采零"并"锁定"。然后将传感器取出放入外筒中,记录其温差值,再将传感器插入内筒水中,等到温度稳定后,每隔 5 s 记录一次温差。记录 3 min 后按下点火开关,氧弹卡计内样品一经燃烧,水温很快上升,点火成功。当温差变化至每分钟上升小于 0.002℃时,停止记录温差,结束实验。

8.实验结束后,关闭电源,先把传感器拔出来,然后打开桶盖,取出氧弹,用放气阀放掉氧弹内的氧气,打开氧弹,观察试样是否燃烧完全。取出未燃烧的点火丝称重(若试样燃烧不完全,实验失败)。

(二)与测苯甲酸相似,对 0.6 g 左右萘的燃烧热进行测定

五、实验注意事项

1.待测物需干燥,受潮样品不易燃烧且称量有误。

2.注意压片的紧实程度,太紧不易燃烧,太松容易裂碎。

3.点火后,温度急速上升,说明点火成功。若温度不变或有微小变化,说明点火没成功或样品没有充分燃烧。应检查原因并排除。

4.温度温差仪"采零"或正式测量后必须"锁定"。

5.电极切勿与燃烧皿接触,铁丝与燃烧皿亦不能接触,以免引起短路。

六、数据处理

1.将实验数据填入表 2-1-1 中。

表 2-1-1　燃烧热测量

t/min	T/K		t/min	T/K	
	苯甲酸	萘		苯甲酸	萘

2.根据实验数据绘制出苯甲酸的雷诺校正图,求出温度变化量校正值,进而求出水当量。

根据实验数据绘制出萘的雷诺校正图,求出温度变化量校正值,再由已得到的水当量值求萘的燃烧热。

七、思考题

1.在本实验中哪些是系统？哪些是环境？系统和环境通过哪些途径进行热交换？这些热交换对实验的结果影响怎样？如何克服和进行校正？

2.说明恒压热和恒容热的区别与相互联系。

3.在使用氧气钢瓶及氧气减压阀时，应注意哪些问题？

4.为什么要对温度进行校正？如何校正？

实验二　液体饱和蒸气压的测定

一、实验目的要求

1. 掌握静态法测定液体不同温度下饱和蒸气压的方法。
2. 明确液体饱和蒸气压的定义、气-液平衡的概念,了解纯液体饱和蒸气压与温度的关系——克劳修斯-克拉贝龙方程式。
3. 计算乙醇在实验温度范围内的平均摩尔气化热。

二、实验原理

在一定的温度下,纯液体与其气相达成平衡时的压力,称为该温度下液体的饱和蒸气压,简称为蒸气压。饱和蒸气压是温度的函数,随着温度的升高,液体的饱和蒸气压增大。当液体的饱和蒸气压与外界压力相等时,液体开始沸腾,沸腾时的温度即为液体的沸点。外压不同时,液体的沸点也不同。把外压为 101.325 kPa 时液体的沸点成为液体的正常沸点。

饱和蒸气压 p 与温度 T 的关系可以用克劳修斯-克拉贝龙方式来表示。

$$\frac{\mathrm{d}\ln p}{\mathrm{d}T} = \frac{\Delta_{vap}H_m}{RT^2} \tag{2-2-1}$$

式中:$\Delta_{vap}H_m$ 为在温度 T 时的纯液体的摩尔气化热;R 为气体常数;T 为绝对温度。

在一定的温度变化范围内,ΔH_{vap} 可视为常数,可当作平均摩尔气化热。将(2-2-1)式积分得:

$$\ln p = -\frac{\Delta_{vap}H_m}{R}\frac{1}{T} + C \tag{2-2-2}$$

式中:C 为积分常数。由上式可知,以 $\ln p$ 对与 $1/T$ 作图,可得一直线,直线的斜率为:$-\dfrac{\Delta_{vap}H_m}{R}$,从而求出在实验温度范围内的平均摩尔汽化热 $\Delta_{vap}H_m$。

测定饱和蒸气压的方法主要有以下三种:

(1)饱和蒸气压法 在一定的温度和压力下,把干燥气体缓慢地通过被测液体,使气流为该液体的蒸气所饱和。然后可用某物质将气流吸收,知道了一定体积的气流中蒸气的重量,便可计算蒸气的分压,这个分压就是该温度下被测液体的饱和蒸气压。此法一般适用于蒸气压比较小的液体。

(2)静态法 在某一温度下,直接测量饱和蒸气压,此法适用于蒸气压比较大的液体。

(3)动态法 在不同外界压力下测定液体的沸点。

本实验用静态法测定乙醇在不同温度下的饱和蒸气压。所用的仪器是纯液体蒸气压测定装置,见图 2-2-1。

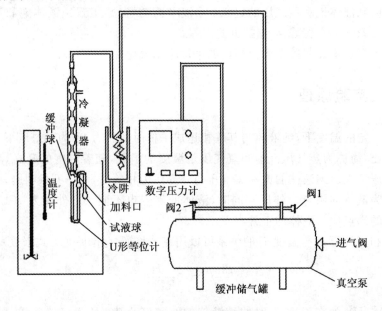

图 2-2-1　饱和蒸气压测定装置

三、仪器和试剂

(一)仪器

液体饱和蒸气压测定装置	1 套	精密数字压力计	1 台
不锈钢缓冲储出气罐	1 台	真空泵	1 台
玻璃恒温槽水浴	1 套	等压计连冷凝管	1 套

(二)试剂

无水乙醇(A.R)。

四、实验步骤

1. 如图 2-2-1 所示将实验装置连接组装。

2. 检查气密性

先关闭进气阀和平衡阀 1,平衡阀 2 不动,然后接通真空泵电源,打开进气阀抽气,此时压力计的显示压力随系统减压程度的加大而增加。当压力计显示压力为 -80 kPa 时,关闭进气阀,再断开真空泵电源开关,如果在 5 min 内,压力计显示压力基本不变。则表明系统不漏气;若有变化,则说明漏气,应仔细检查各接口处直至不漏气为止。

3. 不同温度下乙醇的饱和蒸气压的测定

加热水浴至 25℃ 或 30℃(高于室温 5℃ 即可)。开动真空泵,接通冷凝水,开启进气阀缓缓抽气。使试液球与 U 形等位计之间的空气呈气泡状通过 U 形等位计的液体而逐出。如发现气泡成串上窜(此时液体已沸腾)缓缓打开阀 1,漏入空气,使沸腾缓和。如此沸腾了 3～4 min 试液球中的空气排出后,小心调节阀 1 直至 U 形等位计中双臂的液面等高,在压力计上读出并记下压力值。重复操作一次,压力计上的读数与前一次相差应不大于 ±67 Pa,此时可认为试液球与 U 形等位计上的空间全部为乙醇的蒸气所充满。

如法测定 30℃、35℃、40℃、45℃、50℃ 时乙醇的蒸气压。

实验结束后,慢慢打开进气活塞,使压力计恢复零位,关闭冷凝水,将抽气活塞旋至与大气相通,拔去电源插头。

五、实验注意事项

1. 在实验前必须熟悉各部件的操作,注意各活塞的转向,最好用标记表明。放入空气必须小心,防止过多使空气倒灌,若不慎将空气倒灌入试液球,则需重新抽真空后方可继续测定。

2. 如果升温过程中 U 形管内的液体发生爆沸,可缓慢打开平衡阀 1 漏入少量空气,以防止管内液体大量挥发而影响实验进行。漏气必须缓慢否则 U 形管中的液体将冲入试液球中。

六、数据记录及处理

1.实验数据列入表 2-2-1,并计算处理数据。

室温_____℃,实验大气压力_____kPa。

表 2-2-1 饱和蒸气压数据记录及处理

T/K	293.2	298.2	303.2	308.2	313.2	318.2	323.2
$p_{表}/kPa$							
$p=(p_0-p_{表})/kPa$							
$\ln(p/kPa)$							

2.以 $\ln p$ 对 $1/T$ 作图,由直线的斜率求算乙醇在实验温度范围内的平均摩尔汽化热 $\Delta_{vap}H_m$。(文献值:乙醇的沸点 78.32℃,293.2~323.2 K 间乙醇的平均摩尔汽化热为 42.064 kJ·mol^{-1})。

七、思考题

1.在试验过程中,为什么要防止空气倒灌?

2.怎样判断空气已被赶净?空气没有被赶净对测定沸点有何影响?

3.能否在加热情况下检查是否漏气?

4.体系的平衡蒸气压是由什么决定的?与液体的量和容器的大小是否有关?

5.等压管上配置的冷凝管其作用是什么?

6.如何区分体系与环境?

7.测定液体饱和蒸汽压的方法有哪些?说明其误差来源。

实验三 凝固点降低法测定萘的摩尔质量

一、实验目的要求

1. 掌握凝固点降低法测定摩尔质量的原理和方法。
2. .掌握贝克曼温度计的构造和使用方法。

二、实验原理

化合物的分子量是一个重要的物理化学数据。凝固点降低法是一种简单而比较准确的测定分子量的方法,特别适用于稳定的大分子化合物。

对于纯溶剂来说,凝固点是指在一定压力下,固液两相平衡共存的温度(此时固体的饱和蒸气压和液体的饱和蒸气压相等)。

难挥发溶质的稀溶液的凝固点低于纯溶剂的凝固点。对于非电解质的稀溶液,其凝固点降低值与溶液的浓度成正比,即

$$\Delta T_f = T_f^* - T_f = K_f b_B \qquad (2\text{-}3\text{-}1)$$

式中,ΔT_f 为溶液的凝固点降低值,T_f^* 为纯溶剂的凝固点,T_f 为溶液的凝固点,K_f 为溶剂的质量摩尔凝固点下降常数,b_B 为溶液的质量摩尔浓度。

在指定溶剂中,K_f 为一定值,即 K_f 只与溶剂本性有关。表 2-3-1 是几种常用溶剂的 K_f 值。

表 2-3-1 常见溶剂的凝固点降低常数

项目	苯	环己烷	水
相对分子质量	78.11	84.16	18.02
凝固点/℃	5.51	6.68	0.00
凝固点降低常数/(K·kg·mol⁻¹)	5.12	20.4	1.86

质量摩尔浓度 b_B 可用公式表示如下

$$b_B = \frac{m_B \times 1\,000}{M_B \times m_A} \tag{2-3-2}$$

有公式(2-3-1)和(2-3-2)可推导出计算溶液中溶质的表观相对分子质量的计算公式:

$$M_B = K_f \cdot \frac{1\,000 \times m_B}{\Delta T_f \times m_A} \tag{2-3-3}$$

式中:m_A 为溶剂的质量,m_B 为溶质的质量,M_B 为溶质的相对分子质量。

利用实验测出溶液的 ΔT_f,可求出计算出溶质的相对分子质量 M_B。

测定纯溶剂与溶液凝固点的方法是在测定管中将测定液逐渐冷却,其冷却曲线如图 2-3-1 所示。理论上,纯溶剂物质体系逐步冷却的步冷曲线表示了温度随时间的变化关系,如图 2-3-1 中的曲线 a,水平段对应的温度即为溶剂的凝固点 T_f^*。在实际操作过程中,液体往往会出现过冷现象,即液体知道温度下降到凝固点温度一下一定值后才开始析出固体,然后回升到固相-液相平衡;液体全部凝固之后体系的温度又开始下降,曲线 b 为实际过程中纯溶剂液体冷却现象。

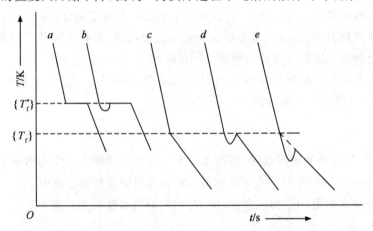

图 2-3-1　溶剂及溶液的冷却曲线

稀溶液的凝固点是溶液液相和纯溶剂固相共存的平衡温度。溶液逐渐冷却的冷却曲线与纯溶剂不同,如图 2-3-1 中的 c、d 和 e 所示。随着部分溶剂的凝固析出,剩余溶液浓度越来越大,可知溶液与溶剂的固相-液相平衡温度会逐渐下降。在冷却曲线 c 中,转折点对应的温度即为此溶液的初始凝固点 T_f。

实际冷却过程中,往往会出现过冷现象,在实际测定过程中经常出现冷却到溶剂或溶液的凝固点以下仍未出现固相的情况,这种现象称为"过冷",图 2-3-1 中

b、d 和 e 中曲线的凹下部分就是过冷造成的。所以实验测定过程中的控制冷却程度成为精确测量摩尔质量的关键步骤之一,通常通过控制冷却温度和搅拌速度来达到此目的。过冷现象发生时会析出大量固体,使原溶液浓度发生明显变化,使测量温度比溶液本身的理论凝固点低。图 2-3-1 中 d 和 e 分别表示实验冷却过程中过冷程度不大和过冷严重时所对应的冷却曲线。

三、仪器及试剂

(一)仪器

凝固点测定仪	1 套	贝克曼温度计	1 支
酒精温度计(0~50℃)	1 支	移液管(20 mL)	1 支

(二)试剂

环己烷(A・R),萘(A・R)。

四、实验步骤

1.准备工作

按图 2-3-2 所示配制实验仪器装置,将水浴槽中注入 1/2 体积的自来水,加入碎冰块以保持 2~3℃;将贝克曼温度计调节好,使其在 5℃ 左右的水中,水银柱液面在刻度 4.5 左右。

2.纯溶剂凝固点的测定

用移液管取 25 mL 苯注入测定管(由支管加入,其用量应完全没过贝克曼温度计的下水银球),直接插入冰水浴中,轻轻上下移动搅棒(防止搅拌棒与玻璃管壁及水银球壁相摩擦),溶剂温度便不断下降,当有固体析出时,温度不再下降(贝克曼温度计水银柱不再下降)时,读出温度读数,此即为纯溶剂苯的近似凝固点。拿出测定管,放置于室温水中,不断搅拌使晶体完全熔化。再将测定管插入冰水中轻轻搅动,当温度下降至 T_f^* +0.3℃ 左右时,迅速取出测定管,并将外部水擦干,套上套管(套管要事先置于冰水中,以免管内空气温度过高),由于测定管在套管中不与冰水直接接触,故冷却速度较为缓慢,从而使溶剂各部分温度均一,不至于产生过大的过冷现象。继续缓慢均匀地搅动溶剂,并同时每隔 30 s 读温度一次,当温度比 T_f^* 低 0.2℃ 左右时,开始剧烈搅拌以打破过冷状态,促使晶体出现。晶体析出时温度迅速上升,此时改为缓慢搅拌,当温度升到某一值稳定不变时,用读数放

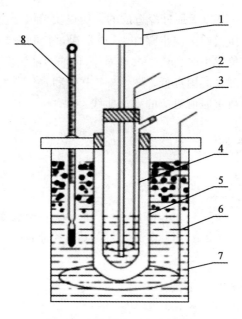

图 2-3-2 凝固点测定实验装置

1.贝克曼温度计；2.内管搅棒；3.投料支管；4.凝固点管；

5.空气套管；6.寒剂搅棒；7.冰槽；8.温度计

大镜准确读出温度值(在不断搅拌的情况下)。重复测定一次,两次读数的差值不超过 0.005℃,然后取平均值,即为苯的凝固点。

用手温热凝测定管,(注意:不能让温度计中的水银柱与贮槽中的水银相接!),使晶体全部熔化,重新置凝固管于冰浴中,如上法操作重复进行 3 次。

3.溶液凝固点的测定

用压片机压制每片约 0.1 g 萘片两片,并用分析天平准确称量。然后取一份加入测定管内的苯溶剂中(防止黏附在管壁、温度计或搅拌上),待萘全部溶解后,按上述步骤测溶液的凝固点,重复 3 次取平均值。

取出测定管,待固态苯熔化后再加入第二份萘,按同样方法测量另一浓度之凝固点。

五、数据记录及处理

1.用苯密度计算公式 $\rho_t = \rho_0 - 1.063\ 6 \times 10^{-3}(t - t_0)$ 计算 25.00 mL 苯溶剂

的质量。式中 ρ_t 是温度为 t 时苯的密度，ρ_0 是 0℃时苯的密度（0.900 1 g·cm^{-1}），$t_0 = 0, t$ 为移取苯时的温度。

2.将实验数据记录表 2-3-2 中。

表 2-3-2　萘的摩尔质量测定数据记录

物质		质量	凝固点		凝固点降低值 ΔT	相对分子质量
			测量值	平均值		
苯/mL			1	$T_0 =$		
			2			
			3			
萘	第一片		1	$T_1 =$	$\Delta T_1 =$	M_1	$M =$
			2			
			3			
	第二片		1	$T_2 =$	$\Delta T_2 =$	M_2
			2			
			3			

六、思考题

1.凝固点降低法测相对分子质量的公式,在什么条件下才能适用?

2.在冷却过程中,凝固点试管内固液相之间有哪些热交换? 它们对凝固点的测定有何影响?

3.当溶质在溶液中有离解,缔合和生成络合物的情况时,对相对分子质量测定值的影响如何?

4.根据什么原则考虑加入溶质的量? 太多或太少影响如何?

5.套筒的作用是什么?

6.凝固点精确测量的因素有哪些? 本实验应注意哪些问题?

实验四　双液系气-液平衡相图

一、实验目的要求

1.学习用沸点仪测定沸点的方法。

2.掌握绘制完全互溶双液系的沸点组成图的方法,并由其图形确定其恒沸点与恒沸组成。

3.了解阿贝折光仪的原理及使用方法。

二、实验原理

在常温下,能以任意比例相互溶解的两种液体所组成的体系称为完全互溶双液系。

液体的沸点是指液体的蒸汽压与外压相等时的温度。在一定外压下,纯液体的沸点有确定的值,但对于双液系来说,沸点不仅与外压有关,而且还与双液系的组成有关,即与双液系中液体的相对含量有关。在恒定外压下,表示溶液沸点组成的相图,即 $T\text{-}x$ 图可分为三类:(1)理想双液系,其沸点介于两个纯组分之间,如图 2-4-1(1);(2)溶液有最高恒沸点,如图 2-4-1(2);(3)溶液有最低恒沸点,如图 2-4-1(3)。图中纵轴为沸点温度,横轴为溶液的组成。

图 2-4-1(1)是一类简单的双液系相图,从经过温度 T_1 的水平线上可以得到此温度时处于平衡的液相组分和气相组分的相应值。此类体系可以经过反复蒸馏,将两组分完全分开。

图 2-4-1(2)和(3)为另一类型的双液系相图,在这两种双液系的相图中出现了最高点或最低点,此点溶液的气、液两相组成相同,成为恒沸混合物,所对应的温度成为恒沸点。这类双液系不能用分馏的方法将两组分完全分开,而只能得到恒沸混合物和其中的一种组分。

绘制完全互溶双液系的 $T\text{-}x$ 图,需要同时测定溶液的沸点及气-液两相平衡时的各自组成。本实验用沸点仪测定环己烷-无水乙醇溶液在不同组成时的沸点。熔点仪如图 2-4-2 所示,是一只带有回流冷凝管的长颈圆底烧瓶,冷凝管底部有一

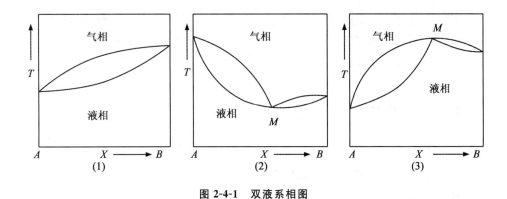

图 2-4-1　双液系相图

球形小槽,用以收集气相冷凝的样品,液相样品可通过烧瓶上的支管吸取。为减少过热现象并防止爆沸,将电热丝直接浸在溶液中加热。安装温度计时,应使其水银球的一半浸在液面下,一半露于蒸气中。为了使温度计读数更准确,应在水银球外围套一小玻璃管,这样溶液沸腾时在气泡的带动下,使气体不断喷向水银球而自玻璃管上端溢出;另外小玻璃管还可以减少沸点周围环境(如风或其他热源的辐射)对温度读数可能引起的波动。

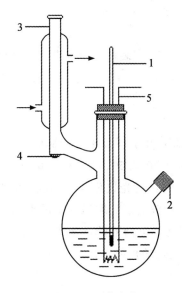

图 2-4-2　沸点仪
1.温度计;2.支管;3.冷凝管;4.小球;5.电热丝

本实验首先在恒定温度下,测定一系列已知浓度溶液的折光率,绘制折光率-组成图,即标准工作曲线。折光率是物质的一个特征数值,溶液的折光率与组成有关。然后分别测定气液两相未知浓度的折光率,从工作曲线查出组成。

三、仪器和试剂

(一)仪器

沸点仪	1 套	调压变压器	1 台
阿贝折射仪	1 台	移液管(25、10、1 mL)	各 1 支
超级恒温槽	1 套	温度计(50～100℃,最小分度 0.1℃)	1 支
吸液管	4 支	温度计(0～100℃,最小分度 1℃)	1 支

(二)试剂

无水乙醇(A. R),环己烷(A. R),丙酮,重蒸馏水。

四、实验步骤

1.安装沸点仪

将干燥的沸点仪按图 2-4-2 安装好。检查带有温度计的橡皮塞或软木塞是否塞紧,加热用的电热丝要靠近烧瓶底部的中心,温度计水银球的位置要在支管之下并至少高出电热丝 2 cm。

2.标准工作曲线的测定

(1)配制溶液:在称量瓶中用分析天平准确称取环己烷和乙醇,分别配制环己烷质量分数分别为 0、0.20、0.40、0.60、0.80 和 1.0 的环己烷-乙醇溶液各 5 mL。

(2)将超级恒温水浴与阿贝折光仪相连接,温度调到 25℃。用滴定管取少量丙酮淋洗折光仪镜面数次,用镜头纸吸取镜面上的溶剂后,锁上辅助棱镜,从加液槽滴入待测溶液,分别测量各浓度溶液的折光率 3 次。

然后测量纯乙醇和环己烷的折射率(n_D^t),以 n_D^t 为纵坐标,以环己烷的摩尔分数为横坐标,得标准工作曲线。

3.测定沸点和折光率

(1)取 25 mL 乙醇置于沸点测定仪的蒸馏瓶内,打开回流冷凝水,将调压变压器指针旋至输出为零,接通电源,逐渐调节调压变压器将液体缓慢加热。当液体沸腾后,再调节电压使液体沸腾时能自小玻璃管向外溢溢,且蒸气能在冷凝管中凝聚。待蒸气在冷凝管中开始冷凝时,再调节冷却水的流量及电压大小,使蒸气在冷凝管中回流高度保持在 2 cm 左右。待温度计的读数稳定后再维持 3～5 min。记下温度计的读数及露茎温度,并记录大气压力值。切断电源停止加热,用一个内盛冷水的大烧杯套在沸点仪底部,使系统冷却,用长滴管从冷凝管口处吸取气相区球形小槽内液体,用阿贝折光仪测定气相的折光率。用另一干燥滴管吸取圆底烧杯内的溶液测定液相的折光率。按上述步骤依次测定加入环己烷为 1 mL、4 mL、5 mL 时各待测液的沸点温度和气相、液相折光率。(数据填入表 2-4-2:混合液编号 1-4)

(2)将蒸馏瓶内的溶液倒入回收瓶中,并用环己烷清洗蒸馏瓶。然后取25 mL 环己烷注入蒸馏瓶内,按(1)的操作步骤进行。以后分别加入乙醇 1 mL、4 mL、5 mL,测定其沸点温度和气相、液相折光率。(数据填入表 2-4-2:混合液编号 5-8)

五、数据记录及处理

室温_____;实验前大气压_____;实验后大气压_____。

1. 环己烷-乙醇标准溶液折光率的测定,将实验数据记录表 2-4-1 中。

表 2-4-1　标准溶液折光率测定

折光率		标准样品质量百分数/%					
		0	0.2	0.4	0.6	0.8	1.0
实验次数	1 2 3						
平均值							

2. 待测样品溶液的沸点及折光率及平衡时气相和液相组成的测定:

(1)根据折光率-组成关系曲线求出各待测溶液的气相和液相平衡组成,填入表 2-4-2 中。以组成为横轴,沸点为纵轴,绘出气相与液相的沸点-组成(T-x)平衡相图。

(2)由沸点-组成(T-x)平衡相图找出其恒沸点及恒沸组成。

表 2-4-2　待测溶液的气相和液相平衡组成

混合液编号	沸点 $t/℃$	气相冷凝分析		液相分析	
		折光率	y(环己烷)	折光率	x(环己烷)
1					
2					
3					
4					
5					
6					
7					
8					

六、注意事项

1.测定折光率时,动作要迅速,以避免样品中易挥发组分损失,确保数据准确。

2.电热丝一定要被溶液浸没后方可通电加热,否则电热丝易烧断,还可能会引起有机物燃烧,所以电压不能太大,加热丝上有小气泡逸出即可。

3.注意一定要先加溶液,再加热,取样时,应注意切断加热丝电源。

4.每次取样量不宜过多,取样管一定要干燥,不能留有上次的残液,气相部分的样品要取干净。

5.阿贝折射仪的棱镜不能用硬物触及(如滴管),擦拭棱镜需用擦镜纸。

七、思考题

1.作乙醇-环己烷标准溶液的组成-折射率关系曲线目的是什么?

2.每次加入蒸馏瓶中的乙醇或环己烷是否应按要求精确量取?

3.实验测得的沸点与标准大气压下的沸点是否一致?

4.如何判断气-液相已达到平衡?

实验五　二元金属相图的测定

一、实验目的要求

1.学会用热分析法测绘 Cd-Bi 二元合金相图。

2.了解热电偶测量温度和进行热电偶校正的方法。

3.了解纯物质的步冷曲线和混合物的步冷曲线的形状的异同,学习相变点的温度的确定方法。

二、实验原理

测绘金属相图常用的实验方法是热分析法,其原理是将一种金属或合金熔融后,使之均匀冷却,每隔一定时间记录一次温度,表示温度与时间关系的曲线叫步冷曲线。当熔融体在均匀冷却过程中无相变时,其温度将连续均匀下降,得到一光滑的冷却曲线;当体系内发生相变时,则因体系放出相变潜热与自然冷却时体系散发掉的热量相抵偿,冷却曲线就会出现转折或水平线段,转折点所对应的温度,即为该组成合金的相变温度。利用冷却曲线所得到的一系列组成和所对应的相变温度数据,以横轴表示混合物的组成,纵轴上标出开始出现相变的温度,把这些点连接起来,就可绘出相图。

二元简单低共熔体系的冷却曲线具有图 2-5-1 所示的形状。

用热分析法测绘相图时,被测体系必须时时处于或接近相平衡状态,因此必须保证冷却速度足够慢才能得到较好的效果。此外,在冷却过程中,一个新的固相出现以前,常常发生过冷现象,轻微过冷则有利于测量相变温度;但严重过冷现象,却会使折点发生起伏,使相变温度的确定产生困难。

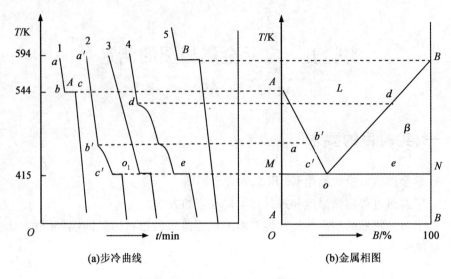

图 2-5-1　根据步冷曲线绘制相图

三、仪器和试剂

(一)仪器

立式加热炉	1 台	冷却保温炉	1 台
长图自动平衡记录仪	1 台	电压调压器	1 台
镍铬-镍硅热电偶	1 副	样品坩埚	6 个
玻璃套管	6 只	烧杯(250 mL)	2 个
玻璃棒	1 只	0.1 g 精度电子天平	1 台

(二)试剂

Cd(化学纯),Bi(化学纯),石蜡油,石墨粉。

四、实验步骤

1. 热电偶的制备

取 60 cm 长的镍铬丝和镍硅丝各一段,将镍铬丝用小绝缘瓷管穿好,将其一端与镍硅丝的一端紧密地扭合在一起(扭合头为 0.5 cm),将扭合头稍稍加热立即蘸以硼砂粉,并用小火熔化,然后放在高温焰上小心烧结,直到扭头熔成一光滑的小珠,冷却后将硼砂玻璃层除去。

2. 样品配制

分别称取纯 Cd、纯 Bi 各 50 g,另配制含铋 20％、40％、60％、80％的铋镉混合物各 50 g,分别置于坩埚中,在样品上方各覆盖一层石墨粉。

3. 绘制步冷曲线

(1)将热电偶及测量仪器如图 2-5-2 连接好。

(2)将盛样品的坩埚放入加热炉内加热(控制炉温不超过 400℃)。待样品熔化后停止加热,用玻璃棒将样品搅拌均匀,并将石墨粉拨至样品表面,以防止样品氧化。

(3)将坩埚移至保温炉中冷却,此时热电偶的尖端应置于样品中央,以便反映出体系的真实温度,同时开启记录仪绘制步冷曲线,直至水平线段以下。

(4)用上述方法绘制所有样品的步冷曲线。

(5)用小烧杯装一定量的水,在电炉上加热,将热电偶插入水中绘制出当水沸腾时的水平线。

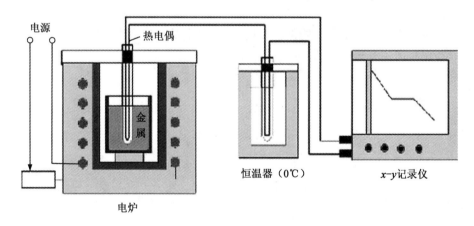

图 2-5-2　步冷曲线测量装置

五、注意事项

1. 用电炉加热样品时,注意温度要适当,温度过高样品易氧化变质,温度过低或加热时间不够则样品没有全部熔化,步冷曲线转折点测不出。

2. 热电偶热端应插到样品中心部位,在套管内注入少量的石蜡油,将热电偶浸入油中,以改善其导热情况。搅拌时要注意勿使热端离开样品,金属熔化后常使热电偶玻璃套管浮起,这些因素都会导致测温点变动,必须消除。

3. 在测定一样品时,可将另一待测样品放入加热炉内预热,以便节约时间,合金有两个转折点,必须待第二个转折点测完后方可停止实验,否则须重新测定。

六、数据记录及处理

1.用已知纯 Bi、纯 Cd 的熔点及水的沸点作横坐标,以纯物步冷曲线中的平台温度为纵坐标作图,画出热电偶的工作曲线。

2.找出各步冷曲线中拐点和平台对应的温度值。

3.从热电偶的工作曲线上查出各拐点温度和平台温度,以温度为纵坐标,以组成为横坐标,绘出 Cd-Bi 合金相图。

七、思考题

1.对于不同成分的混合物的步冷曲线,其水平段有什么不同?

2.作相图还有哪些方法?

实验六 化学平衡常数及分配系数的测定

一、实验目的要求

1. 测定碘和碘离子反应的平衡常数及碘在 CCl_4 和水中的分配系数。
2. 通过分配系数与平衡常数的测定,加深对化学平衡的理解。

二、实验原理

在一定温度下,I_2 在 CCl_4 与水中的浓度比为一定值。这个比例常数称为分配系数 K_d,即:

$$K_d = \frac{c(I_2, CCl_4)}{c(I_2, H_2O)} \tag{2-6-1}$$

由实验分别测定出碘在 CCl_4 与水层中的浓度,即可由式(2-6-1)计算出分配系数 K_d。(文献值 $25℃$,K_d 为 85.0)

当碘溶于碘化钾溶液后,主要生成 I_3^-,它们之间存在下列平衡关系:

$$I_2 + I^- = I_3^- \tag{2-6-2}$$

其平衡常数 K 为:

$$K = \frac{a(I_3^-)}{a(I_2) \cdot a(I^-)}$$

a 表示各物质的活度,当溶液浓度较稀时,上式中各物质的活度可用浓度代替,则:

$$K_c = \frac{c(I_3^-)}{c(I_2) \cdot c(I^-)} \tag{2-6-3}$$

若测定碘和碘负离子反应的平衡常数,则必须测定平衡时 KI 水溶液中各物质的浓度。但是,要在 KI 水溶液中用碘量法直接测定出平衡时各物质的浓度是不可能的,因为用 $Na_2S_2O_3$ 标准溶液滴定时,KI 溶液中的 I_2 量逐渐减少,根据式(2-6-2),平衡向左移动,直至 I_3^- 耗尽为止,所以测出的 I_2 量实际上是溶液中 I_2 和

I_3^- 的总量,而不是平衡体系中 I_2 的浓度。如果要求出平衡时 I_2 的浓度,必须借助于其他方法。

本实验用含 I_2 的 CCl_4 溶液与 KI 水溶液充分摇匀后,部分 I_2 由 CCl_4 层转入到水层中,当达到平衡时,I_2 在两相中的浓度比满足式(2-6-1)。进入到 KI 水溶液层的 I_2 与 I 作用,生成 I_3^-,即建立起式(2-6-2)平衡关系。此时,KI 水溶液层与 CCl_4 液层中各物质的浓度就由上述两个平衡关系式(2-6-1)和式(2-6-3)制约。如果测出 CCl_4 液层中 I_2 的浓度,根据预先测定的分配系数 K_d,便可计算出 KI 水溶液层中 I_2 的浓度,即:

$$c(I_2,KI \text{层}) = \frac{c(I_2,CCl_4 \text{层})}{K_d} \qquad (2\text{-}6\text{-}4)$$

用 $Na_2S_2O_3$ 标准溶液滴定出 KI 水溶液层中 I_2 和 I_3^- 的总浓度,则平衡时 $c(I_3^-)$ 的浓度可由下式算出:

$$\left[c(I_2) + c(I_3^-)\right]_{(KI\text{层})} - c(I_2)_{(KI\text{层})} = c(I_3^-)_{(KI\text{层})} \qquad (2\text{-}6\text{-}5)$$

KI 水溶液层中的 I_2 与 I^- 结合生成 I_3^-,所以溶液中 I^- 的减少量与 I_3^- 的增加量相当,KI 水溶液层中 I^- 和 I_3^- 浓度之和应等于 KI 溶液的初始浓度,则平衡时 I^- 的浓度为:

$$c(KI \text{初始浓度}) - c(I_3^-)_{(KI\text{层})} = c(I^-)_{(KI\text{层})} \qquad (2\text{-}6\text{-}6)$$

将平衡时测得的各物质的浓度代入到式(2-6-3)中,即可计算出碘和碘负离子反应的平衡常数 K_c 值。25℃时,文献值 K_c 为 716。

三、仪器和试剂

(一)仪器

恒温槽	1 套	100 mL、25 mL 量筒	各 1 个
25 mL、5 mL(微量)滴定管	各 1 支	250 mL 碘量瓶	2 个
5 mL 移液管	2 支	250 mL 锥形瓶	6 个

(二)试剂

0.04 mol·L^{-1} I_2(CCl_4)溶液,0.02% I_2 的水溶液,0.100 mol·L^{-1} KI 溶液,0.025 mol·L^{-1} $Na_2S_2O_3$ 标准溶液,0.5% 淀粉指示剂。

四、实验步骤

1. 调节恒温槽温度约比室温高 5℃。

2. 取两个 250 mL 的碘量瓶,标明号码,按下列数据取各溶液,加入不同编号的碘量瓶中。

编号	0.02% I_2 水溶液	0.100 mol · L^{-1} KI	0.04 mol · L^{-1} I_2(CCl_4)
1 号碘量瓶	100 mL	—	25 mL
2 号碘量瓶	—	100 mL	25 mL

配好后随即塞紧瓶盖。

3. 将配好的溶液用力振荡摇匀 2 min,然后置于恒温槽中恒温 30 min,每隔 10 min 取出振荡一次,若是取出在恒温槽外振荡,每次不得超过 30 s,以免温度改变影响测定结果。最后一次振荡,必须将附着在水层表面的 CCl_4 振荡下去,待两液层充分分离后,按列表数据取样分析。

4. 从每个碘量瓶中,用 25 mL 移液管准确移取水层样品各 2 份。然后用 $Na_2S_2O_3$ 标准溶液滴定(1 号水层用微量滴定管,2 号水层用 25 mL 滴定管滴定)至淡黄色,加入数滴 0.5% 淀粉指示剂,此时溶液呈蓝色,继续仔细用 $Na_2S_2O_3$ 标准溶液滴定至蓝色恰好消失。记录 $Na_2S_2O_3$ 标准溶液所消耗的体积。

5. 从每个碘量瓶中,用 5 mL 移液管准确移取 CCl_4 层样品各 2 份。取 CCl_4 层样品时,用洗耳球使移液管尖鼓泡通过水层进入 CCl_4 层,或用食指塞紧移液管上端口,直接插入 CCl_4 层中,准确移取 5 mL CCl_4 层样品各 2 份,放入盛有 10 mL 蒸馏水的锥形瓶中,加入少许固体 KI 或少量 KI 溶液,然后同样用 $Na_2S_2O_3$ 标准溶液进行滴定(1 号 CCl_4 层样品用 25 mL 滴定管,2 号 CCl_4 层样品用微量滴定管滴定),当水层为淡黄色时,加入淀粉指示剂。滴定过程中必须充分振荡,细心地滴定至水层蓝色消失,CCl_4 层不再现红色,停止滴定,记录 $Na_2S_2O_3$ 标准溶液所消耗的体积。

滴定后和未用完的各种溶液,皆放入回收瓶中回收。

五、数据记录及处理

恒温槽温度_____;$Na_2S_2O_3$ 标准溶液浓度_____;KI溶液浓度_____。

表 2-6-1　各碘量瓶样品取样量及 $Na_2S_2O_3$ 标准溶液消耗量

编号	1 号 碘量瓶		2 号 碘量瓶	
取样体积/mL	25 mL(水层)	5 mL(CCl_4 层)	25 mL(水层)	5 mL(CCl_4 层)
消耗 $Na_2S_2O_3$ 标准溶液体积/mL				
消耗 $Na_2S_2O_3$ 标准溶液平均体积/mL				
测定结果	$K_d =$		$K_c =$	

1.由 1 号样品的数据,按下式计算 K_d 值:

$$K_d = \frac{25}{5} \cdot \frac{V'(CCl_4 \text{ 层})}{V(\text{水层})}$$

式中:$V'(CCl_4$ 层)为滴定 5 mL CCl_4 层样品所消耗的 $Na_2S_2O_3$ 标准溶液的体积;V(水层)为 25 mL 水层样品所消耗的 $Na_2S_2O_3$ 标准溶液的体积。

2.由 2 号样品的数据,用式(2-6-4)、式(2-6-5)、式(2-6-6)分别计算平衡时 $c(I_2)$、$c(I_3^-)$ 和 $c(I)$ 的浓度,并由式(2-6-3)计算 K_c 值。

六、思考题

1.测定分配系数及化学平衡常数时,为什么要恒温?

2.测定 CCl_4 层中碘的浓度时应注意哪些问题?

3.在 I_2 和 KI 的混合溶液中,若用 $Na_2S_2O_3$ 标准溶液直接滴定,测得的是 I_2 平衡浓度吗?为什么?

实验七　旋光度法测定蔗糖水解反应的速率常数

一、实验目的要求

1.根据物质的光学性质,用测定旋光度的方法测定蔗糖水溶液在酸催化作用下的反应速率常数和半衰期。

2.了解蔗糖转化反应体系中各物质浓度与旋光度之间的关系及一级反应的动力学特征。

3.了解旋光仪的基本原理,掌握其使用方法及在化学反应动力学测定中的应用。

二、实验原理

蔗糖转化的反应方程式为

$$C_{12}H_{22}O_{11}(蔗糖)+H_2O=C_6H_{12}O_6(葡萄糖)+C_6H_{12}O_6(果糖)$$

为使水解反应加速,常以酸为催化剂,故反应在酸性介质中进行。此反应本是二级反应,由于反应中水是大量的,可以认为整个反应中水的浓度基本是恒定的;而 H^+ 是催化剂,其浓度也是固定的。所以,此反应可视为假一级反应,反应速率只与蔗糖浓度成正比。

蔗糖及水解产物均为旋光性物质,但它们的旋光能力不同,故可以利用体系在反应过程中旋光度的变化来衡量反应的进程。溶液的旋光度与溶液中所含旋光物质的种类、浓度、溶剂的性质、液层厚度、光源波长及温度等因素有关。在其他条件固定时,旋光度 α 与反应物浓度有直线关系,即:

$$\alpha=kc$$

式中的比例常数 k 与物质的旋光能力、溶液性质、溶液厚度、温度等均有关。

在蔗糖的水解反应中,反应物蔗糖是右旋性物质,比旋光度 $\alpha_D^{20}=+66.6°$,产物中的葡萄糖也是右旋性物质,$\alpha_D^{20}=+52.5°$,但产物中的果糖是左旋性物质,

$\alpha_D^{20} = -91.9°$，因此随着水解作用的进行，右旋角不断减小，最后经过零点变成左旋，并且溶液的旋光度为各组成的旋光度之和。若反应时间为 $0, t, \infty$ 时溶液的旋光度分别用 $\alpha_0, \alpha_t, \alpha_\infty$ 表示。则：

$$\alpha_0 = k_\text{反} \, c_0 \tag{2-7-1}$$

$$\alpha_\infty = k_\text{生} \, c_\infty \tag{2-7-2}$$

式中，$k_\text{反}$ 和 $k_\text{生}$ 分别为反应物与生成物的比例常数，c_0 为作用物的最初浓度，c_∞ 是生成物最终之浓度，当 $t = t$ 时，蔗糖的浓度为 c，旋光度为 α_t：

$$\alpha_t = k_\text{反} \, c_0 - k_\text{生}(c_0 - c_t) \tag{2-7-3}$$

由式(2-7-1)、式(2-7-2)和式(2-7-3)得

$$c_0 = \frac{\alpha_0 - \alpha_\infty}{k_\text{反} - k_\text{生}} = k(\alpha_0 - \alpha_\infty) \tag{2-7-4}$$

$$c_t = \frac{\alpha_t - \alpha_\infty}{k_\text{反} - k_\text{生}} = k(\alpha_t - \alpha_\infty) \tag{2-7-5}$$

将式(2-7-4)和式(2-7-5)代入一级反应的积分式，可得：

$$t = \frac{1}{k} \ln \frac{\alpha_0 - \alpha_\infty}{\alpha_t - \alpha_\infty} \tag{2-7-6}$$

即：

$$\ln(\alpha_t - \alpha_\infty) = -kt + \ln(\alpha_0 - \alpha_\infty) \tag{2-7-7}$$

若以 $\ln(\alpha_t - \alpha_\infty)$ 对 t 作图，从直线的斜率即可求得反应速率常数 k，进而可求得半衰期 $t_{1/2}$。

三、仪器及试剂

(一)仪器

| 数字式旋光仪 | 1 台 | 恒温装置 | 1 套 |
| 50 mL 移液管 | 2 支 | 250 mL 磨口锥形瓶 | 2 只 |

(二)试剂

20%蔗糖溶液，$2 \text{ mol} \cdot \text{L}^{-1}$ HCl

四、操作步骤

1.控制恒温水浴的温度恒定,开启旋光仪预热 30 min。

2.旋光仪零点的校正

洗净旋光管,将管子一端的盖子旋紧,向管内注入蒸馏水,把玻璃片盖好,使管内无气泡存在。再旋紧套盖,勿使漏水。管中如有气泡,可赶至胖肚部分。用吸水纸擦净旋光管,再用擦镜纸将管两端的玻璃片擦净。将旋光管放置到旋光仪中进行零点校正。旋光仪的使用方法详见附录部分。

3.旋光度的测定

用移液管各取 2mol·L^{-1} HCl 溶液和 20% 蔗糖溶液各 50 mL,分别置于250 mL 的锥形瓶中,放入恒温水浴恒温 10 min 后取出,将 2 mol·L^{-1} HCl 溶液倒入蔗糖中振荡(开始记时)。同时用此混合液少许,洗旋光管 2~3 次后,装满旋光管。用滤纸或毛巾擦净管外的溶液后,尽快放入旋光仪中进行观察测量。每测好一次旋光度后,立即将旋光管放入恒温水浴中恒温。测量不同时间 t 时溶液的旋光度 α_t。分别测得时间为 5,10,15,20,25,30 min 时的旋光度。

4.α_∞ 的测定

将上述剩余的蔗糖和盐酸的等体积混合液置于 55~65℃ 水浴上温热 30 min 以上,然后冷却至原实验温度,再测此溶液的旋光度,即为 α_∞ 值。

5.实验结束时,立刻将旋光管洗净干燥,以免酸对旋光管的腐蚀。

五、实验数据及处理

1.列出 α-t 表,并作出相应的 α-t 图。

表 2-7-1 α-t 表

反应时间/min	α_t	$\alpha_t - \alpha_\infty$	$\ln(\alpha_t - \alpha_\infty)$	k
5				
10				
15				
20				
25				
30				

2.从 α 对 t 图曲线上,读出等间隔时间 t(每间隔 5 min)时的旋光度 α_t,并算出 $(\alpha_t - \alpha_\infty)$ 和 $\ln(\alpha_t - \alpha_\infty)$ 之数值。

3.以 $\ln(\alpha_t - \alpha_\infty)$ 对 t 作图。由图的形状判断反应的级数,由直线的斜率求反应速率常数 k,并由 k 值计算其半衰期 $t_{1/2}$。

六、注意事项

1.由于酸会腐蚀旋光仪的金属套,因此,实验一结束,必须将旋光仪擦干净。

2.装样品时,旋光管管盖旋至不漏液体即可,不要用力过猛,以免压碎玻璃片。

3.在测定 α_∞ 时,通过加热使反应速度加快转化完全,但加热温度不要过高,否则将产生副反应,颜色变黄。加热过程亦应避免溶液蒸发影响浓度,否则影响 α_∞ 测定的准确性。

七、思考题

1.蔗糖的转化速率与哪些因素有关?

2.实验中,为什么用蒸馏水来校正旋光仪的零点?若不进行校正,对实验结果是否有影响?

3.蔗糖溶液为什么可粗略配制?

4.在测量蔗糖和盐酸溶液时刻 t 对应的旋光度时,能否如同测纯水的旋光度那样,重复测 3 次后,取平均值?

5.在混合蔗糖溶液和盐酸溶液时,是将盐酸溶液加入到蔗糖溶液中,可否把蔗糖溶液加到盐酸溶液中,为什么?

实验八　乙酸乙酯皂化反应速率常数的测定

一、实验目的及要求

1. 了解电导法测定化学反应速率常数的物理方法。
2. 了解二级反应的特点，学会用图解法求二级反应的速率常数，并计算反应的活化能。
3. 掌握电导率仪的使用方法。

二、实验原理

乙酸乙酯的皂化反应是二级反应，其反应式如下，设乙酸乙酯和氢氧化钠的起始浓度均为c_0，在时间t时乙酸乙酯和氢氧化钠的浓度均为c，生成物乙酸钠的浓度为(c_0-c)，则反应物和生成物的浓度与时间的关系为：

$$CH_3COOC_2H_5 + OH^- \rightleftharpoons CH_3COO^- + C_2H_5OH$$

| $t=0$ | c_0 | c_0 | 0 | 0 |
| $t=t$ | c | c | c_0-c | c_0-c |

则该反应的动力学方程为：

$$-\frac{\mathrm{d}c}{\mathrm{d}t} = kc^2 \qquad (2\text{-}8\text{-}1)$$

式中：k表示反应的速率常数，对式$\int_{c_0}^{c} -\frac{\mathrm{d}c}{c^2} = \int_0^t k\mathrm{d}t$积分，得二级反应的积分方程：

$$\frac{1}{c} - \frac{1}{c_0} = kt \qquad (2\text{-}8\text{-}2)$$

整理得：
$$k = \frac{1}{tc_0} \cdot \frac{c_0-c}{c} \qquad (2\text{-}8\text{-}3)$$

为了得到不同时间的反应物浓度c，本实验中用电导率仪测定溶液电导率κ随时间的变化来反映不同时间反应物的浓度。这是因为随着皂化反应的进行，溶液中导

电能力强的 OH^- 逐渐被导电能力弱的 CH_3COO^- 取代,所以溶液的电导率逐渐下降(溶液中 $CH_3COOC_2H_5$ 与 C_2H_5OH 的导电能力都很小,可忽略不计)。显然溶液的电导率变化是与反应物浓度变化相对应的。

在电解质的稀溶液中,电导率 κ 与浓度 c 有如下的正比关系:

$$\kappa = K \cdot c \qquad (2\text{-}8\text{-}4)$$

式中:比例常数 K 与电解质性质及温度有关,而且溶液的总电导率就等于组成溶液的电解质的电导率之和。

当 $t=0$ 时电导率 κ_0 对应于反应物 NaOH 的浓度 c_0,因此有:

$$\kappa_0 = K_{\mathrm{NaOH}} \times c_0 \qquad (2\text{-}8\text{-}5)$$

当 $t=t$ 时电导率 κ_t 应该是浓度为 c 的 NaOH 及浓度为 (c_0-c) 的 CH_3COONa 的电导率之和,因此有:

$$\kappa_t = K_{\mathrm{NaOH}} \cdot c + K_{\mathrm{CH_3COONa}}(c_0 - c) \qquad (2\text{-}8\text{-}6)$$

当 $t=\infty$ 时,认为反应进行完全,OH^- 全部转化为 CH_3COO^-,此时电导率 κ_∞ 应与生成物浓度为 c_0 相对应,所以

$$\kappa_\infty = K_{\mathrm{CH_3COONa}} \cdot c_0 \qquad (2\text{-}8\text{-}7)$$

联立以上各 κ 的表达式,可以得

$$c_0 = \frac{1}{K_{\mathrm{NaOH}} - K_{\mathrm{CH_3COONa}}}(\kappa_0 - \kappa_\infty) \qquad (2\text{-}8\text{-}8)$$

$$c_t = \frac{1}{K_{\mathrm{NaOH}} - K_{\mathrm{CH_3COONa}}}(\kappa_t - \kappa_\infty) \qquad (2\text{-}8\text{-}9)$$

将式(2-8-8)和式(2-8-9)代入式(2-8-3),得

$$\frac{\kappa_0 - \kappa_t}{\kappa_t - \kappa_\infty} = kc_0 t \qquad (2\text{-}8\text{-}10)$$

据此,以 $\dfrac{\kappa_0 - \kappa_t}{\kappa_t - \kappa_\infty}$ 对 t 作图,可以得到一条直线,其斜率为 kc_0,即可求得反应速率常数 k。如果知道不同温度下的速率常数 $k(T_1)$ 和 $k(T_2)$,按阿仑尼乌斯方程计算出该反应的活化能 E_a。

$$E_a = \ln \frac{k(T_2)}{k(T_1)} \cdot R\left(\frac{T_1 T_2}{T_2 - T_1}\right) \qquad (2\text{-}8\text{-}11)$$

三、仪器和试剂

(一)仪器

电导率仪	1台	铂电极(电导电极)	1支
恒温水槽	1套	250 mL 的锥形瓶(带橡皮塞)做电导瓶	3个
100 mL 移液管	1支	微量注射器(100 μL)	1支

(二)试剂

乙酸乙酯(分析纯),0.010 0 mol・L^{-1} NaOH 溶液,0.010 0 mol・L^{-1} CH$_3$COONa 溶液

四、实验步骤

1.恒温槽调节

调节恒温槽温度为 298.2 K[(25±0.2)℃]。

2.预热电导率仪并进行调节。

3. κ_0 和 κ_∞ 的测定

用移液管准确移取 0.010 0 mol・L^{-1} NaOH 溶液 100 mL 于电导瓶中,盖好、夹紧,置于恒温槽中恒温 20 min。用电导率仪测定已恒温好的 NaOH 溶液的电导率 κ_0。

用移液管准确移取 0.010 0 mol・L^{-1} CH$_3$COONa 溶液 100 mL 于电导瓶中,盖好、夹紧,置于恒温槽中恒温 20 min。用电导率仪测定已恒温好的 CH$_3$COONa 溶液的电导率 κ_∞。

4. κ_t 的测定

用微量注射器准确吸取 98 μL 乙酸乙酯迅速注入盛有 100 mL 0.010 0 mol・L^{-1} NaOH 溶液的电导瓶中,马上塞紧塞子,同时立即开动停表记录时间 t。然后小心摇匀,每隔 5 min 测定一次 κ_t,反应进行 40 min 后停止测定。

5.调节恒温槽温度为 303.2 K(30℃),重复上述步骤测定其 κ_0、κ_∞ 和 κ_t 值。

注意事项:

(1)一定要保证反应溶液恒温充分;

(2)在测定 κ 前,必须用蒸馏水冲洗电极,再用滤纸吸干后方可插入电导瓶中使用;

（3）每读一次 κ，必须对电导仪进行校正后再读数；

（4）电导瓶在恒温过程中一定要加塞盖严，以防 NaOH 溶液吸收空气中的 CO_2 而使其浓度发生变化。

五、数据记录及处理

表 2-8-1　不同温度下不同时间所对应的电导率值

t/min	$\kappa_t/(mS \cdot m^{-1})$		$\dfrac{\kappa_0 - \kappa_t}{\kappa_t - \kappa_\infty}$	
	25℃	30℃	25℃	30℃
0				
5				
10				
15				
20				
25				
30				
35				
40				

1. 以 $\dfrac{\kappa_0 - \kappa_t}{\kappa_t - \kappa_\infty}$ 对 t 作图为一直线，并从直线的斜率求出 k。

2. 用不同温度下的 k 值求表观活化能。

六、思考题

1. 为何本实验要在恒温条件下进行，而且 NaOH 溶液和 $CH_3COOC_2H_5$ 溶液混合前还要预先恒温？

2.如果 NaOH 溶液和 $CH_3COOC_2H_5$ 溶液的起始浓度不相等,试问应怎样计算?

3.本实验为什么可用测定反应液的电导率变化来代替浓度的变化? 如果 NaOH 溶液和 $CH_3COOC_2H_5$ 溶液为浓溶液,能否用此法求 k 值? 为什么?

实验九　离子迁移数的测定

一、实验目的要求

1. 掌握测定离子迁移数的原理和方法，加深对离子迁移数概念的理解。
2. 采用界面移动法测定 H^+ 的迁移数，掌握其方法和技术。

二、实验原理

当电流通过电解质溶液时，在两电极上发生法拉第或非法拉第过程，溶液中承担导电任务的阴、阳离子分别向阳、阴两极移动。阴、阳离子迁移的电量总和恰好等于通入溶液的总电量，即：

$$Q = q_+ + q_- \qquad\qquad (2\text{-}9\text{-}1)$$

但由于各种离子的迁移速率不同，各自所迁移的电量也必然不同，将某种离子传递的电量与总电量之比，称为离子迁移数，则阴、阳离子的迁移数分别为：

$$t_+ = \frac{q_+}{Q} \qquad t_- = \frac{q_-}{Q} \qquad\qquad (2\text{-}9\text{-}2)$$

影响离子迁移数的主要因素有温度、溶液浓度、离子本性、溶剂性质，温度越高，阴、阳离子的迁移数趋于相等。在包含数种阴、阳离子的混合电解质溶液中，t_- 和 t_+ 各为所有阴、阳离子迁移数的总和。测定离子迁移数对了解离子的性质具有重要意义，测定方法主要有界面移动法、希托夫法、电动势法。本实验是采用界面移动法测定离子的迁移数，其基本原理如下：

界面移动法测离子迁移数有两种，一种是用两个指示离子，造成两个界面；另一种是用一种指示离子，只有一个界面。本实验是用后一方法，以镉离子作为指示离子，测某浓度的盐酸溶液中氢离子的迁移数。

在一截面清晰的垂直迁移管中，充满 HCl 溶液，通以电流，当有电量为 Q 的电流通过每个静止的截面时 t_+Q 摩尔量的 H^+ 通过界面向上走，t_-Q 摩尔量的 Cl^- 通过界面往下行。假定在管的下部某处存在一界面（aa′），在该界面以下没有 H^+

存在,而被其他的正离子(例如 Cd^{2+})取代,则此界面将随着 H^+ 往上迁移而移动,界面的位置可通过界面上下溶液性质的差异而测定。例如,若在溶液中加入酸碱指示剂,则由于上下层溶液 pH 的不同而显示不同的颜色,形成清晰的界面。在正常条件下,界面保持清晰,界面以上的一段溶液保持均匀,H^+ 往上迁移的平均速率,等于界面向上移动的速率。在某通电的时间(t)内,界面扫过的体积为 V,H^+ 输运电荷的数量为在该体积中 H^+ 带电的总数,根据迁移数定义可得:

$$t_{H^+} = \frac{nF}{Q} = \frac{cVF}{Q} = \frac{cAlF}{It} \tag{2-9-3}$$

式中,c 为 H^+ 的浓度,A 为迁移管横截面积,l 为界面移动的距离,I 为通过的电流,t 为迁移的时间,F 为法拉第常数。

欲使界面保持清晰,必须使界面上、下电解质不相混合,可以通过选择合适的指示离子在通电情况下达到。$CdCl_2$ 溶液能满足这个要求,因为 Cd^{2+} 电迁移率(U)较小,即

$$U_{Cd^{2+}} < U_{H^+} \tag{2-9-4}$$

在图 2-9-1 的实验装置中,通电时,H^+ 向上迁移,Cl^- 向下迁移,在 Cd 阳极上 Cd 氧化,进入溶液生成 $CdCl_2$,逐渐顶替 HCl 溶液,在管外形成界面。由于溶液要保持电中性,且任一截面都不会中断传递电流,H^+ 迁移走后的区域,Cd^{2+} 紧紧跟上,离子的迁移速率 ν 是相等的,即 $\nu_{Cd^{2+}} = \nu_{H^+}$。由此可得:

$$U_{Cd^{2+}} \frac{dE'}{dL} = U_{H^+} \frac{dE}{dL} \tag{2-9-5}$$

结合式(2-9-4),得:

$$\frac{dE'}{dL} > \frac{dE}{dL} \tag{2-9-6}$$

即在 $CdCl_2$ 溶液中电位梯度是较大的,如图 2-9-1 所示。因此若 H^+ 因扩散作用落入 $CdCl_2$ 溶液层,它就不仅比 Cd^{2+} 迁移的快,而且比界面上的 H^+ 也要快,能赶回到 HCl 层。同样若任何 Cd^{2+} 进入低电位梯度的 HCl 溶液,它就要减速,一直到它们重又落后于 H^+ 为止,这样界面在通电过程中保持清晰。

三、仪器及试剂

(一) 仪器

迁移管	1 支	Pt 电极、Cd 电极	各 1 支
可变电阻	1 个	毫安计、直流稳压电源	各 1 台

(二)试剂

0.05 mol·dm⁻³ HCl 溶液,甲基橙。

四、操作步骤

1.配置浓度约为 0.1 mol·dm⁻³ 的盐酸,并用标准 NaOH 溶液标定其准确浓度。配置时每升溶液中加入甲基橙少许,使溶液呈浅红色。

2.用少量 0.1 mol·dm⁻³ 的盐酸溶液将洗涤迁移管 3 次,将溶液装满迁移管,并插入 Pt 电极。

3.按照图 2-9-1 接好线路,检查无误后,再开始实验。

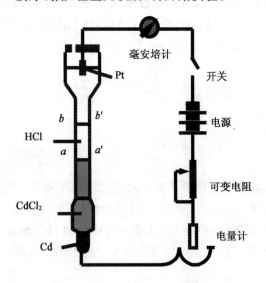

图 2-9-1 界面法测离子迁移数装置

4.接通直流电源,控制电流在 3～5 mA 之间。随着电解进行,Cd 阳极会不断

溶解变为 $CdCl_2$。由于 Cd^{2+} 的迁移速度小于 H^+,因而,过一段时间后,在迁移管下部就会形成一个清晰的界面,界面以下是中性的 $CdCl_2$ 溶液呈黄色;界面以上是酸性的 HCl 溶液呈红色,从而可以清楚地观察界面在移动。当界面移动到某一可清晰观测的刻度时,打开停表开始记时。此后,每当界面移动 2 mm,记下相应的时间和电流读数,直到界面移动 2 cm。注意在实验过程中要随时调节可变电阻 R,使电流 I 保持定值。若在实验过程中出现界面不清晰的现象应停止实验。

　　5.切断电源,过数分钟后,观察界面有任何变化。再接通电源,过数分钟后,再观察界面又有任何变化。试解释其原因。

　　6.实验结束后,将迁移管洗涤干净并在其中充满蒸馏水。

五、注意事项

　　1.实验的准确性、成败关键主要取决于移动界面的清晰程度。若界面不清晰,则迁移体积测量不准,导致迁移数测量不准确。因此,实验过程中应避免桌面振动。

　　2.通电后由于 $CdCl_2$ 层的形成,使电阻加大,电流会渐渐变小,因此应不断调节电流使其保持不变。

六、思考题

　　1.测量某一电解质离子迁移数时,指示离子应如何选择? 指示剂应如何选择?

　　2.为使下层指示液的迁移速度要接近于、但不能大于上层被测离子的移动速率,应如何调整被测离子和指示离子的浓度?

　　3.分析本实验中可能产生的误差,其中哪些是最主要的误差?

　　4.简述另外两种测定离子迁移数的方法(希托夫法、电动势法)的原理和方法。

实验十　电动势及电动势温度系数的测定

一、实验目的要求

1. 理解对消法测电动势的原理、掌握电位差计的使用方法。
2. 测定不同温度下原电池的电动势，计算其温度系数。
3. 掌握电动势法测定化学反应热力学函数的原理和方法。

二、实验原理

1. 电池反应

原电池是化学能转化为电能的装置，除了可作电源外，还用来研究构成此电池的化学反应的热力学性质。由化学热力学可知，在恒温恒压可逆条件下，电池反应的吉布斯自由能变为：

$$\Delta_r G_m = -nFE \tag{2-10-1}$$

式中：n 为电池输出元电荷的物质的量，单位为 mol；E 为可逆电池的电动势，单位为伏特（V）；F 为法拉第常数。式（2-10-1）只有在恒温恒压可逆条件才能成立，这就要求电池反应本身是可逆的，即要求电池的电极反应可逆，且不存在任何不可逆的液接界；同时，电池必须在可逆的条件下（电流强度为零）工作。因此电池电动势不能用伏特计直接测量，需用电位差计测量。

电位差计测量电池电动势应用了对消法原理，即电池在无电流（或极小电流）通过时测量两电极间的电势差，其数值等于电池电动势。对消法测电池电动势的原理和电位差计的使用方法参见附录五。

2. 电池反应电动势温度系数与热力学函数的关系

在恒压下测定某原电池在不同温度下的电动势 E，由于

$$\left(\frac{\partial \Delta_r G_m}{\partial T}\right)_p = -\Delta_r S_m = -nF\left(\frac{\partial E}{\partial T}\right)_p \tag{2-10-2}$$

以电动势对温度作图,从曲线斜率可求得任一温度下的 $\left(\dfrac{\partial E}{\partial T}\right)_p$ 及 $\Delta_r S_m$,又有

$$\Delta_r G_m = \Delta_r H_m - T\Delta_r S_m \tag{2-10-3}$$

则可得

$$\Delta_r H_m = -nFE + nFT\left(\dfrac{\partial E}{\partial T}\right)_p \tag{2-10-4}$$

从而可计算电池反应在各温度下的 $\Delta_r G_m$、$\Delta_r H_m$ 及 $\Delta_r S_m$。

对于原电池:

$$Pt \mid Hg,Hg_2Cl_2(s) \mid KCl(饱和)(0.1\ mol \cdot L^{-1}KNO_3) \parallel AgNO_3(0.1\ mol \cdot L^{-1}) \mid Ag$$

负极反应:$2Hg + 2Cl^- = Hg_2Cl_2 + 2e$

正极反应:$Ag^+ + e = Ag$

电池反应:$2Ag^+ + 2Cl^- + 2Hg = Hg_2Cl_2(s) + 2Ag$

三、仪器和试剂

(一)仪器

SDC-11 数字电位差计综合测试仪	1 台	甘汞电极	1 支
银电极	1 支	电池管	1 支

(二)试剂

$0.1\ mol \cdot L^{-1}AgNO_3$ 溶液,饱和 KCl 溶液,$0.1\ mol \cdot L^{-1}KNO_3$ 溶液。

四、实验步骤

1. 调节恒温槽温度

(1)调节恒温槽温度比室温高 1℃。

(2)根据下式计算室温下标准电池电动势 $E_{s,t}$:

$$E_{s,t} = E_{s,20} - 4.06 \times 10^{-5}(t-20) - 9.5 \times 10^{-7}(t-20)^2$$

2. Ag 电极的处理:将 Ag 电极用 $3\ mol \cdot L^{-1}HNO_3$ 清洗,再用去离子水冲洗。

3. 打开数字电位差计电源预热 $15 \sim 20$ min。

4. 调标准(视仪器选择下列一种调标准的方法)

外标:将电极引线按正、负插入外标位置,接通标准电池,选择旋钮打到外标

位置,将标准电动势给定,按校准按钮使平衡指示为零。

内标:将选择旋钮打到内标位置,给定 1 V 电动势,按校准按钮使平衡指示为零。

5.测电池电动势

将电极引线按正、负极插入测量位置,接通原电池,选择旋钮打到"测量"位置,调挡使平衡指示为零,读数。

6.调节温度每升高 5℃测一值,共测 5 值。

7.实验完毕拆除线路和仪器电源,将饱和甘汞电极放回饱和 KCl 溶液中保存,其他试剂倒入废液桶中,清洗电极和烧杯,整理仪器及桌面。

五、数据处理

表 2-10-1 *E-T* 值

T/K					
E/V					

1.以 *E-T* 作图求斜率,即得 $\left(\dfrac{\partial E}{\partial T}\right)_p$。

2.根据式(2-10-1)、式(2-10-2)、式(2-10-4)分别计算 25℃时电池反应的 $\Delta_r G_m$、$\Delta_r H_m$ 及 $\Delta_r S_m$。

六、思考题

1.标准电池的作用是什么?应如何维护?

2.使用盐桥的目的是什么?为什么要用琼脂?本实验能否用 KCl 作盐桥?

实验十一　恒电流法测定锌的稳态极化曲线

一、实验目的要求

1. 掌握恒电流法测定稳态极化曲线的原理和方法。
2. 测定锌在 $ZnCl_2$-三乙酸胺电镀液中的阴极极化曲线。

二、实验原理

可逆电池的电动势和电池反应是电极上几乎没有电流通过,每个电极或电池反应都是在无限接近于平衡状态下进行的,因此电极反应是可逆的。但当有电流通过电极时,电极的平衡状态被破坏,此时电极反应处于不可逆状态,随着电极上电流密度的增加,电极反应的不可逆程度也随之增大。

例如,将锌片进入锌离子溶液中,构成锌电极,当锌电极反应达到平衡时,它所建立的电极电势为平衡电极电势,以 φ_e 表示。但当有外电流通过电极时,电极反应的平衡遭到了破坏,使电极电势偏离原来平衡电极电势 φ_e,而且随着电流密度的增加,电极电势偏离平衡电极电势的程度也增加,这种现象称为电极的极化,用 φ 表示有电流通过时的电极电势。

在一定电流密度下,实际电极电势偏离平衡电极电势的程度称为超电势,用 η 表示。其定义为:

$$\eta = |\varphi - \varphi_e| \tag{2-11-1}$$

电极的超电势是电流密度的函数。对电解池而言,阳极极化时,$\varphi - \varphi_e > 0$,阴极极化时,$\varphi - \varphi_e < 0$。表示电极电势与电流密度关系的曲线,称为极化曲线。极化曲线分为阳极极化曲线和阴极极化曲线两种。实验结果表明,对于阳极极化曲线,电极电势随着电极电流的增加而增加;在阴极极化曲线上,电极电势随着电极电流的增加而减少。如图 2-11-1 所示。

稳态极化曲线是测量电极反应达稳定状态时电流密度与电极电势关系的曲线。当外控电极电势一定时,测定电极反应达稳态时电流密度的方法称为恒电势

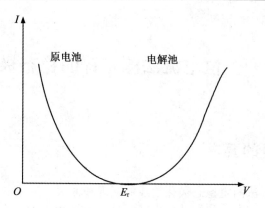

2-11-1 电化学池(原电池和电解池)的 *I-V* 曲线

法;若外控电流密度一定,测定稳态时的电极电势,则称为恒电流法。本实验采用的是恒电流法测定锌在 $ZnCl_2$-三乙酸胺电镀液中的阴极极化曲线。测定装置如图2-11-2 所示。控制电流恒定的方法是在电解池的回路中,串联一高压直流电源和高阻的可变电阻,由于外电路的电阻远大于电解池的内阻,因而在测量过程中改变电解池电压时,不至于因为电解池的内阻改变而引起电流的变化,即能维持稳定电流。测量时,可通过改变电阻 R,以改变极化回路的电流和电极电势。电流由微安表测量,阴极电势可通过将阴极与一个已知电极电势的参比电极组成原电池,由电位差计测量原电池的电动势,即测得阴极相对参比电极的相对电极电势。测量一组电流和阴极电势数据,便可绘制出 $I-\varphi$ 曲线(极化曲线)。曲线表明,随着电流密度的增大,超电势也随之增大。

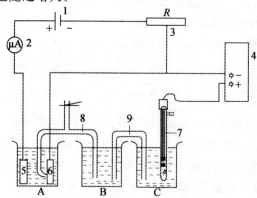

图 2-11-2 恒电流法测极化曲线线路图

1.直流电源;2.微安表;3.变阻器;4.电位差计;5.辅助电极;
6.研究电极;7.参比电极;8.鲁金毛细管;9.盐桥

三、仪器和试剂

(一)仪器

UJ21 型电位差计	1 台	标准电池	1 个
直流复射式检流计	1 台	甲电池	2 个
直流稳压电源	1 台	微安表	1 块
电位器	2 个	电解池	1 组
鲁金毛细管	1 个	饱和 KCl 盐桥	1 个
锌电极、铂电极、饱和甘汞电极		各 1 支	

(二)试剂

$ZnCl_2$-三乙酸胺电镀液,饱和 KCl 溶液,5% HCl 溶液。

四、实验步骤

1.组装电解池

(1)将电解池清洗干净,在 A、B 两杯中注入适量的 $ZnCl_2$-三乙酸胺电镀液,C杯中注入适量的饱和 KCl 溶液。

(2)用卡尺测量并记录 Zn 电极的面积,用金相砂纸磨光,以 5% HCl 溶液浸蚀电极,经去离子水冲洗干净电极后,用滤纸吸干,置于电解槽 A 杯中;将 Pt 电极、饱和甘汞电极、饱和 KCl 盐桥、鲁金毛细管等用去离子水冲洗干净后按装置图(图 2-11-2)所示位置放入电解槽中。

(3)调整鲁金毛细管的位置,使它与研究电极表面相距 0.5~1 mm。用洗耳球由鲁金毛细管 8 的上部支管处抽吸电解液,使溶液充满管内,并使管内无存留气泡,夹紧上面的胶管。

2.连接线路

按图 2-11-2 连接线路,直流稳压电源通电预热 30 min,但电源的一端暂时不接,检查无误后,测定平衡电极电势。

3.测定平衡电极电势 φ_e

用电位差计测量 Zn 电极与饱和甘汞电极所组成原电池的电动势,即可得到平衡电极电势 φ_e,$\varphi_e = \varphi_{甘汞} - \varepsilon$。

4.测定极化曲线

将电位器电阻置于最大值,接通电源,调节电流值分别为不同值时,经相同时间间隔分别测定电池电动势,即可得到对应电流密度下的不可逆电极电势,$\varphi = \varphi_{甘汞} - \varepsilon$。

5.切断电源,拆除线路。将电极、盐桥等洗净并按要求放回原处,回收废液,洗净电解池。

五、数据记录及处理

1.列表记录实验数据,计算电流密度($\mu A \cdot cm^{-2}$)和对应的不可逆电极电势 φ(Zn 电极)。

表 2-11-1　数据记录

电流/ μA	电流密度/ ($\mu A \cdot cm^{-2}$)	ε/ mV	φ/ mV	电流/ μA	电流密度/ ($\mu A \cdot cm^{-2}$)	ε/ mV	φ/ mV
6				60			
12				90			
18				120			
24				180			
30				210			
40				240			

由 $\varphi = \varphi_{甘汞} - \varepsilon$ 计算出对应的不可逆电极电势 φ(Zn 电极)。

2.以电流密度 $I(\mu A \cdot cm^{-2})$ 为纵坐标,不可逆电极电势 φ(Zn 电极)为横坐标作出极化曲线。

六、思考题

1.何为稳态极化曲线? 恒电流法测定极化曲线的基本原理是什么?

2.电解池中的 3 个电极各有什么作用?

实验十二　溶液表面张力的测定

一、实验目的要求

1. 测定不同浓度的正丁醇水溶液的表面张力。
2. 掌握一种测定液体表面张力的方法——最大起泡法。
3. 了解表面活性物质降低液体表面张力的作用,从而加深对吉布斯等温吸附方程式的理解。

二、实验原理

1. 最大气泡法测定表面张力

测定表面张力方法很多,本实验采用最大气泡法,其装置如图 2-12-1 所示。将欲测表面张力的液体装入样品管,使毛细管端面与液面相切,液面即沿毛细管上升,打开抽气瓶活塞,让水缓慢流下,此时由于毛细管液面上所受的压力(大气压)大于样品管中液面上的压力,故毛细管内的液面逐渐下降,当此压力差在毛细管端

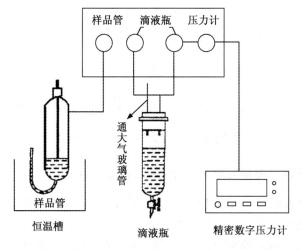

图 2-12-1　最大气泡法测表面张力装置图

面上产生的作用力稍大于毛细管口液体的表面张力时,气泡就从毛细管口脱出,这个最大压力的差值 p_{max} 可由精密压差计读出。

设毛细管半径为 r,气泡由毛细管口逸出时总作用力为 $F = \pi r^2 p_{max}$,而 $p_{max} = p_{大气} - p_{系统}$。

气泡在毛细管口受到表面张力引起的作用力为

$$F = 2\pi r \sigma$$

当气泡逸出时,上述两作用力相等,即 $\pi r^2 p_{max} = 2\pi r \sigma$。

所以
$$p_{max} = \frac{2\sigma}{r} \qquad \sigma = \frac{r}{2} p_{max}$$

如将表面张力为 σ_1、σ_2 的两种液体,采用同一支毛细管和压差计,分别测得其最大压差为 p_{1max}、P_{2max},则有

$$\frac{\sigma_1}{\sigma_2} = \frac{p_{1max}}{p_{2max}} \qquad \sigma_2 = \frac{p_{2max}}{p_{1max}} \sigma_1 = K_1 \cdot p_{2max}$$

$K_1 = \sigma_1 / p_{1max}$ 称为毛细管常数(或仪器常数),一般用已知表面张力的液体(如水)做标准,测得其 p_{1max},求出 K;再测定待测溶液的 p_{2max},从而求出 σ_2。

2. 计算吸附量、饱和吸附量及正丁醇的横截面积

当某一液体中加入其他物质后,极大地改变液体的表面张力,且溶质在溶液中的分布是不均匀的,表面层的浓度和体相浓度不同,这就是吸附作用。在一定温度和压力下,物质的吸附量与溶液的表面张力以及溶液的浓度有关。用热力学方法可导出它们之间的关系,即吉布斯(Gibbs)吸附等温方程:

$$\Gamma = -\frac{c}{RT}\left(\frac{\partial \sigma}{\partial c}\right)_T$$

式中:Γ 为吸附量($mol \cdot m^{-2}$);σ 为表面张力($N \cdot m^{-1}$);T 为绝对温度(K);c 为溶液的浓度($mol \cdot m^{-3}$);R 为理想气体常数($8.314\ J \cdot mol^{-1} \cdot K^{-1}$)。若 $\left(\frac{\partial \sigma}{\partial c}\right)_T < 0$,则 $\Gamma > 0$,即溶液表面层浓度大于溶液内部的浓度,称为正吸附;若 $\left(\frac{\partial \sigma}{\partial c}\right)_T > 0$,则 $\Gamma < 0$,表示溶液表面层的浓度小于溶液内部的浓度,称为负吸附。

凡能降低液体表面张力的物质叫作表面活性物质。对水而言,表面活性物质是具有亲水基和憎水基的物质,在水溶液表面,亲水基指向溶液内部,憎水基指向气相。随着浓度增大,表面活性物质的分子逐渐呈定向排列;最后当浓度增加至一

定值时,表面活性物质的分子在溶液表面形成紧密定向排列的单分子层,即形成饱和吸附。因此知道了饱和吸附量 Γ_∞,可求表面活性物质分子的横截面积。

实验测出同一温度下不同浓度的正丁醇溶液的表面张力,绘出 $\sigma\text{-}c$ 曲线,如图 2-12-2 所示,将曲线上某一浓度 c 的切线的斜率 $\left(\dfrac{\partial \sigma}{\partial c}\right)_T$ 代入吉布斯吸附等温式,就可以求出相应于该浓度下的吸附量。具体做法是在曲线上的指定浓度点 c_i 作一切线,交纵轴于 M 点,再过 c_i 点作一条与横轴平行的直线,交纵轴于 N 点。则有

$$\left(\frac{\partial \sigma}{\partial c}\right)_T = \frac{\overline{MN}}{-c_i} \qquad 所以 -c_i\left(\frac{\partial \sigma}{\partial c}\right)_T = \overline{MN}$$

故可得 $$\Gamma_i = \frac{\overline{MN}}{RT}$$

在一定温度下,吸附量与溶液浓度之间的关系可用兰格缪尔(Langmuir)吸附等温式表示,即

$$\Gamma = \Gamma_\infty \times \frac{K_2 c}{1 + K_2 c}$$

式中: Γ_∞ 为饱和吸附量,K_2 为经验常数。将上式化成直线方程则有

$$\frac{c}{\Gamma} = \frac{c}{\Gamma_\infty} + \frac{1}{\Gamma_\infty \cdot K_2}$$

以 $\dfrac{c}{\Gamma}\text{-}c$ 作图可得一直线,由斜率可得 Γ_∞。

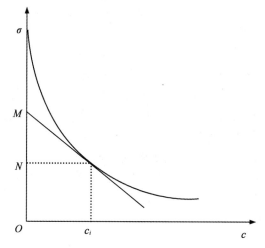

图 2-12-2 $\sigma\text{-}c$ 曲线

设在饱和吸附情况下，正丁醇分子在气-液界面上铺面一单分子层，则应用下式即可求得正丁醇分子的横截面积 S_0。

$$S_0 = \frac{1}{\Gamma_\infty N_A}$$

文献值 $S_0 = 0.195\ nm^2$，式中 N_A 为阿伏伽德罗常数（Avogadro）。

三、仪器和试剂

(一)仪器

最大气泡表面张力测定仪	1 套	100 mL 容量瓶	8 只
恒温槽	1 套	1 mL、2 mL、5 mL 刻度移液管	各 1 支

(二)试剂

正丁醇(A.R)　　$M = 74.12\ g \cdot mol^{-1}$。

四、实验步骤

1.分别配制浓度为 0.020、0.050、0.10、0.15、0.20、0.25、0.30、0.35 mol · L^{-1} 的正丁醇溶液 100 mL。

2.将玻璃仪器必须仔细洗涤干净，调节恒温槽温度为 25℃。

3.在样品管中装入去离子水，使水面与毛细管端面相切，注意保持毛细管与液面垂直。将样品管置于恒温槽中恒温 10 min。

4.按图连接实验装置，接通数字压力计电源。

5.松开与通大气玻璃管相连接的橡胶管，使系统与大气相通，按下数字压力计的"采零"键，对数字压力计采零，此时，压力计显示为 0（将大气压力参考为 0）。再将通大气玻璃管密封。旋转抽气瓶活塞，使水缓慢流下，排出毛细管内气体后，调节水滴速度，使毛细管中气泡逸出速度为 5~10 s/个。

6.记录压力计最大值，重复 3 次求出 p_{1max}，平均值。

7.同法测定各种浓度下正丁醇水溶液的 p_{2max} 值。

五、数据处理

1.计 算 毛 细 管 常 数，标 准 溶 液（水）：$\sigma =$ _____，$p_{max} =$ _____，

$K_1 =$ ＿＿＿＿＿＿。

2. 计算各种正丁醇水溶液的表面张力(σ)，并作 σ-c 曲线。

3. 由 σ-c 曲线分别求出浓度为 0.020、0.050、0.10、0.15、0.20、0.25、0.30、0.35 mol·L^{-1}时的 $\left(\dfrac{\partial \sigma}{\partial c}\right)_T$ 值。

4*. 利用吉布斯吸附等温式计算出各浓度的 Γ;将以上计算值及实验测量值列于表 2-12-1。

5*. 作 $\dfrac{c}{T}$－c 图，应得一直线，由直线斜率求出 Γ_∞。

6*. 计算正丁醇分子的横截面积。

表 2-12-1　数据记录及计算

项目	浓度/(mol·L^{-1})							
	0.020	0.050	0.10	0.15	0.20	0.25	0.30	0.35
$p_{max}(\mathrm{mmH_2O})$								
$\sigma/(\mathrm{N \cdot m^{-1}})$								
$\left(\dfrac{\partial \sigma}{\partial c}\right)_T$								
$\Gamma/(\mathrm{mol \cdot m^{-2}})$								
$\dfrac{c}{T}$								

六、实验注意事项

1. 测定所用的毛细管一定要干净，否则气泡不能连续稳定地逸出，使压力计显示的最大值不稳，影响溶液的表面张力。

2. 毛细管一定要保持垂直，管口端面刚好与液面相切。

七、思考题

1. 表面张力的测定为什么必须在恒温槽中进行？温度变化时对表面张力有何影响？

2. 安装仪器时为什么使毛细管与液面垂直，且管口端面刚好与液面相切？

3.实验时,为什么溶液浓度以由稀到浓测定为宜?

注:正丁醇溶液的配制方法如下:设正丁醇的密度为 ρ。根据公式:$c = \dfrac{n}{V} = \dfrac{m/M}{V} = \dfrac{r}{M}$ 已知正丁醇的摩尔质量:$M = 74.12$ g·mol^{-1},则纯正丁醇的摩尔浓度为:$c_1 = \rho/74.12$ mol·mL^{-1},25℃时,正丁醇的密度 $\rho = 0.810$ g·mL^{-1}。

根据 $c_1 V_1 = c_2 V_2$,配制系列正丁醇的溶液所需体积的计算:

$$V_1 = \frac{c_2 \times 100 \times 74.12}{0.810} \text{(mL)}$$

代入所需配制的正丁醇溶液浓度 c_2,得需要纯正丁醇的体积,注入 100 mL 容量瓶中,以水稀释至刻度,即得浓度为 c_2 的系列溶液。

实验十三　溶胶的制备及电泳

一、实验目的要求

1. 掌握凝聚法制备 $Fe(OH)_3$ 溶胶、电泳法测定 $Fe(OH)_3$ 溶胶和纯化溶胶的方法。

2. 观察溶胶的电泳现象并了解其电学性质,掌握电泳法测定胶粒电泳速度和溶胶 ξ 电势的原理和方法。

二、实验原理

溶胶的制备方法可分为分散法和凝聚法。分散法是用适当方法把较大的物质颗粒变为胶体大小的质点;凝聚法是先制成难溶物的分子(或离子)的过饱和溶液,再使之相互结合成胶体粒子而得到溶胶。$Fe(OH)_3$ 溶胶的制备就是采用的化学法即通过化学反应使生成物呈过饱和状态,然后粒子再结合成溶胶。

制成的胶体体系中常有其他杂质存在,而影响其稳定性,因此必须纯化。常用的纯化方法是半透膜渗析法。

在胶体分散体系中,由于胶体本身的电离或胶粒对某些离子的选择性吸附,使胶粒的表面带有一定的电荷。在外电场作用下,胶粒向异性电极定向泳动,这种胶粒向正极或负极移动的现象称为电泳。荷电的胶粒与分散介质间的电势差称为电动电势,用符号 ξ 表示,电动电势的大小直接影响胶粒在电场中的移动速度。原则上,任何一种胶体的电动现象都可以用来测定电动电势,其中最方便的是用电泳现象中的宏观法来测定,也就是通过观察溶胶与另一种不含胶粒的导电液体的界面在电场中移动速度来测定电动电势。电动电势 ξ 与胶粒的性质、介质成分及胶体的浓度有关。在指定条件下,ξ 的数值可根据亥姆霍兹方程式计算。

即
$$\xi = \frac{K\pi\eta u}{DH}(\text{静电单位})$$

或
$$\xi = \frac{K\pi\eta u}{DH} \times 300(\text{V}) \qquad\qquad (2\text{-}13\text{-}1)$$

式中,K 为与胶粒形状有关的常数(对于球形胶粒 $K=6$,棒形胶粒 $K=4$,在实验中均按棒形粒子看待);η 为介质的黏度(泊);D 为介质的介电常数;u 为电泳速度($cm \cdot s^{-1}$);H 为电位梯度,即单位长度上的电位差。

$$H = \frac{E}{300L} \text{(静电单位)} \tag{2-13-2}$$

式中:E 为外电场在两极间的电位差(V);L 为两极间的距离(cm);300 为将伏特表示的电位改成静电单位的转换系数。把式(2-13-2)代入式(2-13-1)得:

$$\xi = \frac{4\pi \eta \, Lu \, 300^2}{DE} \text{(V)} \tag{2-13-3}$$

由式(2-13-3)知,对于一定溶胶而言,若固定 E 和 L 测得胶粒的电泳速度($u = d \times t$,d 为胶粒移动的距离,t 为通电时间),就可以求算出 ξ 电位。

三、仪器和试剂

(一)仪器

WYJ-GA 高压数显稳压电源(附铂电极 2 个)	1 台	漏斗	1 个
电泳管	1 只	电导率仪	1 台
滴管	2 支	秒表	1 块
细线	1 条	直尺	1 把

(二)试剂

火棉胶,$FeCl_3$(10%)溶液,KCNS(1%)溶液,$AgNO_3$(1%)溶液,稀 KCl 溶液。

四、实验步骤

1.半透膜的制备

在一个内壁洁净、干燥的 250 mL 锥形瓶中,加入约 10 mL 火棉胶液,小心转动锥形瓶,使火棉胶液黏附在锥形瓶内壁上形成均匀薄层,倾出多余的火棉胶于回收瓶中。此时锥形瓶仍需倒置,并不断旋转,待剩余的火棉胶流尽,使瓶中的乙醚蒸发至已闻不出气味(此时用手轻触火棉胶膜,已不粘手)。然后再往瓶中注满水,(若乙醚未蒸发完全,加水过早,则半透膜发白)浸泡 10 min。倒出瓶中的水,小心用手分开膜与瓶壁之间隙。慢慢注水于夹层中，使膜脱离瓶壁，轻轻取出，在膜袋中注入水，观察有否漏洞，如有小漏洞，可将此洞周围擦干，用玻璃棒蘸火棉胶补之。制好的半透膜不用时，要浸放在蒸馏水中。

2. 用水解法制备 $Fe(OH)_3$ 溶胶

在 250 mL 烧杯中，加入 100 mL 蒸馏水，加热至沸，慢慢滴入 5 mL（10%）$FeCl_3$ 溶液，并不断搅拌，加毕继续保持沸腾 5 min，即可得到红棕色的 $Fe(OH)_3$ 溶胶，其结构式可表示为 $\{[Fe(OH)_3]_m \cdot nFeO^+ \cdot (n-x)Cl^-\}^{x+} \cdot xCl^-$。在胶体体系中存在过量的 H^+、Cl^- 等离子需要除去。

3. 用热渗析法纯化 $Fe(OH)_3$ 溶胶

将制得的 40 mL $Fe(OH)_3$ 溶胶，注入半透膜内用线拴住袋口，置于 800 mL 的清洁烧杯中，杯中加蒸馏水约 300 mL，维持温度在 60℃ 左右，进行渗析。每 30 min 换一次蒸馏水，2 h 后取出 1 mL 渗析水，分别用 1% $AgNO_3$ 及 1% KCNS 溶液检查是否存在 Cl^- 及 Fe^{3+}，如果仍存在，应继续换水渗析，直到检查不出为止，将纯化过的 $Fe(OH)_3$ 溶胶移入一清洁干燥的 100 mL 小烧杯中待用。

4. 盐酸辅助液的制备

调节恒温槽温度为 (25 ± 0.1)℃，用电导仪测定 $Fe(OH)_3$ 溶胶在 25℃ 时的电导率，用盐酸溶液和蒸馏水配制与之相同电导率的盐酸溶液。本实验中配制 KCl 溶液即可，取一干净滴管逐滴向装有 100 mL 蒸馏水的小烧杯中滴入 KCl，不断搅拌，测其电导率直至与溶胶相同。电导仪使用前要用蒸馏水清洗其铂电极。

5. 装置仪器和连接线路

用蒸馏水洗净电泳管（图 2-13-1）。关闭活塞①，用 $Fe(OH)_3$ 溶胶润洗右侧 A 管，然后装入溶胶至 A 管底部，再加溶胶上边球状囊中。关闭活塞①，用 KCl 溶液润洗 U 形管，加入适量 KCl 溶液，缓缓开启活塞①，使溶胶缓慢上升，直至 A 管与 U 形管液面相平，可看到溶液与辅助液之间的清晰界面。在 U 形管上插入电极，连接到稳压电源上。

6. 测定溶胶电泳速度

开启电源，记下 U 形管左右的刻度，以后每隔 3 min 记录一次两端的界面刻度，连续记 10 组。之后用细线量出两点极之间的距离，具体数据记录见表 2-13-1。实验结束后，拆除线路，用蒸馏水洗电泳管多次，最后一次用蒸馏水注满。

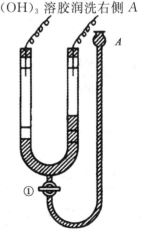

图 2-13-1 电泳管装置图

五、注意事项

1.利用公式(2-13-3)求算 ξ 时,各物理量的单位都需用厘米、克、秒(CGS)制,有关数值从附录中查得。如果改用 SI 制,相应的数值也应改换。对于水的介电常数,应考虑温度校正,由以下公式求得:

$$\ln D_t = 4.474\,226 - 4.544\,26 \times 10^{-3}t$$

式中,t 为温度℃。

2.在制备半透膜时,一定要使整个锥形瓶的内壁上均匀地附着一层火棉胶液,在取出半透膜时,一定要借助水的浮力将膜托出。

3.制备 $Fe(OH)_3$ 溶胶时,$FeCl_3$ 一定要逐滴加入,并不断搅拌。

4.纯化 $Fe(OH)_3$ 溶胶时,换水后要渗析一段时间再检查 Fe^{3+} 及 Cl^- 的存在。

5.量取两电极的距离时,要沿电泳管的中心线量取。

六、数据处理

1.将实验数据列表

温度＿＿＿＿℃;大气压＿＿＿＿Pa;外加电压 E ＿＿＿＿V;两电极距离 L ＿＿＿＿cm。

表 2-13-1 溶胶界面高度随时间变化

t/min	0	3	6	9	12
左刻度/cm					
右刻度/cm					
t/min	15	18	21	24	27
左刻度/cm					
右刻度/cm					

2.将数据代入公式(2-13-3)中计算 ξ 电势。

七、思考题

1. 本实验中所用的稀氯化钾溶液的电导率为什么必须和所测溶胶的电导率相等或尽量接近？

2. 电泳的速度与哪些因素有关？

3. 在电泳测定中如不用辅助液体，把两电极直接插入溶胶中会发生什么现象？

综合实验

实验十四　超临界二氧化碳流体萃取植物油

一、实验目的要求

1. 熟悉超临界流体萃取的基本原理。
2. 掌握超临界萃取装置实验操作方法。
3. 通过实验得出影响超临界 CO_2 流体溶解性能的因素。

二、实验原理

纯净物质根据温度和压力的不同，呈现出液体、气体、固体等状态变化，当将纯物质沿气-液饱和蒸汽压曲线改变温度和压力，当达到图 2-14-1 中 c 点时体系的性质变得均一，不再分为液体和气体，则 c 点称为临界点。与该点相对应的温度和压力分别称为临界温度(T_c)和临界压力(p_c)，在临界点附近，会出现流体的密度、黏度、溶解度、热容量、介电常数等所有流体的物性发生急剧变化的现象。当物质所处的温度高于临界温度，压力大于临界压力时，该物质处于超临界状态，温度及压力均处于临界点以上的液体叫超临界流体(supercritical fluid，简称 SCF)。

稳定的纯物质都有固定的临界点，对于某物质临界点应指明的数据除了临界温度和临界压力外还应指明与萃取相关的数据即临界密度 ρ_c。理论上来说很多流体都可作为超临界流体使用，但实际上由于需要考虑应用的可能性，因此常用的超临界流体并不太多。超临界流体在密度上接近于液体，因此，对固体、液体的溶解度也与液体相接近，密度越大，相应的溶解能力也越强。同时超临界流体在黏度上接近于气体，扩散系数比液体大 100 倍，因此渗透性极佳，能够更快地完成传质过程而达到平衡，从而实现高效分离过程。

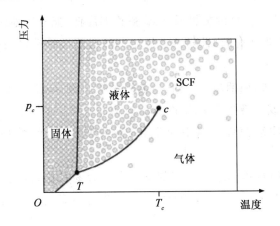

图 2-14-1　纯流体的压力-温度图

1. 超临界流体萃取的特点

(1)由于超临界流体的溶解能力随着其密度的增加而提高,因此,通过改变超临界流体的密度,就可以实现待分离组分的萃取与分离。

(2)在接近临界点处只要温度和压力有微小的变化,超临界流体密度和溶解度都会有较大变化。

(3)萃取过程完成后,超临界流体由于状态的改变,很容易从分离成分中较彻底地脱除,不给产品造成污染。

(4)超临界流体萃取技术所选用萃取剂,其临界温度温和、并且化学稳定性好,无腐蚀性,因此特别适用于热敏性或易氧化的成分的提取。

(5)溶剂循环密封使用,避免了产品的外界污染,环境友好。

(6)超临界流体萃取需在相应的高压设备中完成,对设备要求高。

2. 超临界 CO_2 的基本性质

CO_2 的临界温度($T_c = 31.06℃$),临界压力($p_c = 7.39\ MPa$)比较适中,临界密度是常用超临界溶剂中较高的,具有最适合作为超临界溶剂的临界点数据。和传统的加工方法相比,使用 CO_2 作为溶剂的超临界萃取具有如下显著优点:

(1)萃取能力强,提取率高。

(2)萃取能力的大小取决于流体的密度,最终取决于温度和压力,改变其中之一或同时改变,都可改变溶解度,可有选择地进行多种物质的分离,从而减少杂质,使有效成分高度富集,便于质量控制。

（3）超临界 CO_2 流体的临界温度低，操作温度低，能较好地保存有效成分使之不被破坏，不发生次生化，因此特别适用于那些对热敏感性强，容易氧化分解破坏的成分的提取。

（4）提取时间快，周期短，同时它不需浓缩等步骤，即使加入夹带剂，也可以通过分离功能除去或只需要简单浓缩。

（5）超临界 CO_2 流体还具有抗氧化、灭菌等作用，有利于保证和提高产品质量。

（6）超临界 CO_2 流体萃取过程的操作参数容易控制，因此，有效成分及产品质量稳定，而且工艺流程简单，操作方便。节省劳动力和大量有机溶剂，减少污染。

（7）CO_2 便宜易得，与有机溶剂相比，经济性较好。

三、仪器和试剂

（一）仪器

超临界二氧化碳流体萃取装置	1台	天平	1台
粉碎机	1台	筛子	1套

（二）试剂

二氧化碳气体（纯度≥99.9％），花椒籽。

四、实验步骤

1. 原料预处理

取 100 g 花椒籽，用多功能粉碎机破碎成 20 目备用。

2. 萃取

取 20 g 过 20 目筛的花椒籽进入萃取釜 E，CO_2 由高压泵 H 加压至 30 MPa，经过换热器 R 加温至 35℃ 左右，使其成为既具有气体的扩散性而又有液体密度的超临界流体。该流体通过萃取釜萃取出植物油料后，分别进入第一级分离柱 S_1 和第二级分离柱 S_2，实现萃取剂与萃取物的分离。纯 CO_2 由冷凝器 K 冷凝，经储罐 M 后，再由高压泵加压，如此循环使用。见图 2-14-2。

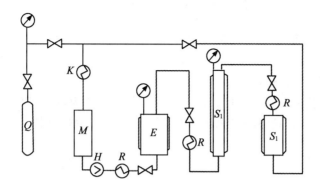

图 2-14-2 超临界 CO_2 流体萃取装置

五、实验数据及处理

1.记录萃取釜和分离釜的压力、温度随时间的变化。

表 2-14-1 压力、温度随时间变化

时间 /min	CO_2 流量/ (kg·h^{-1})	装置压力/MPa				装置温度/℃			
		混合器	萃取釜	分离Ⅰ	分离Ⅱ	冷凝器	萃取釜	分离Ⅰ	分离Ⅱ
0									
5									
10									
15									
20									
25									
30									
35									
40									

2.测定花椒油的质量

将所得花椒籽油放入一先称得质量的烧杯,称得花椒籽油的质量,即可获得所萃取的花椒籽油的质量。

六、思考题

1.简述超临界流体概念。

2.超临界流体的特性是什么？为什么选择 CO_2 作为萃取剂？

3.通过实验,讨论超临界萃取装置还可以应用到哪些方面？

实验十五 电导法测定难溶盐溶解度

一、实验目的要求

1. 掌握电导法测定难溶盐溶解度的原理和方法。
2. 加深对溶液电导率、摩尔电导率概念的理解。
3. 学会电导率仪的使用方法，并测定 AgI 在 25℃ 的溶解度。

二、实验原理

在电解质的溶液中，带电的离子在电场的作用下产生移动而传递电子，因此具有导电作用。导电能力的强弱称为电导 G，单位西门子用 S 表示，电导为电阻的倒数：

$$G = \frac{1}{R} \tag{2-15-1}$$

导体的电阻与其长度成正比与其截面积成反比：

$$R = \rho \frac{l}{A} \tag{2-15-2}$$

ρ 是比例常数，称为电阻率或比电阻。根据电导与电阻的关系则有：

$$G = \frac{1}{\rho} \left(\frac{A}{l} \right) = \kappa \left(\frac{A}{l} \right) \tag{2-15-3}$$

κ 称为电导率或比电导，它是电阻率的倒数。

对于电解质溶液，浓度不同则其电导亦不同，因此常用摩尔电导率来比较不同电解质溶液在相同条件下的导电能力大小。摩尔电导率是将含有 1 mol 电解质的溶液全部置于相距为 1 m 的两个平行电极之间所测得的电导率，用 Λ_m 表示。如溶液的摩尔浓度以 c 表示，在一定温度下，摩尔电导率 Λ_m 与电导率 κ 的关系为：

$$\Lambda_m = \frac{\kappa}{c} \tag{2-15-4}$$

式中 Λ_m 的单位是 $S \cdot m^2 \cdot mol^{-1}$，$c$ 的单位是 $mol \cdot L^{-1}$，可用 c 表示难溶盐在水中的溶解度大小。

本实验测定 AgI 的溶解度。AgI 是难溶盐，它在水中的溶解度很小，其饱和溶液可近似认为无限稀释，饱和溶液的摩尔电导率 Λ_m 可以用难溶盐在无限稀释溶液中的摩尔电导率 Λ_m^∞ 来代替：

$$\Lambda_m \approx \Lambda_m^\infty \tag{2-15-5}$$

根据科尔劳施（Kohlrausch）离子独立运动定律，AgI 的无限稀释摩尔电导率 Λ_m^∞ 可通过查手册由其正、负离子无限稀释摩尔电导率相加而得，即

$$\Lambda_m(AgI) \approx \Lambda_m^\infty(AgI) = 2\left[\Lambda_m^\infty\left(\frac{1}{2}Ag^+\right) + \Lambda_m^\infty\left(\frac{1}{2}I^-\right)\right] \tag{2-15-6}$$

要通过式（2-15-4）计算 AgI 在水溶液中的溶解度 c，需先用电导率仪测定 AgI 在水溶液中的电导率 κ_{AgI}。

本实验使用 DDS-11C 型电导率仪测量溶液的电导率，使用说明见附录四。

必须指出，难溶盐 AgI 在水中溶解度很小，其饱和溶液的电导率 $\kappa_{溶液}$ 实际上是 AgI 的正、负离子和溶剂（H_2O）解离的正、负离子（H^+ 和 OH^-）的电导率之和，在无限稀释条件下有：

$$\kappa_{溶液} = \kappa_{AgI} + \kappa_{水} \tag{2-15-7}$$

因此，测定 $\kappa_{溶液}$ 后，还必须同时测出配制溶液所用水的电导率 $\kappa_{水}$，才能求得 κ_{AgI}。

测得 κ_{AgI} 后，由式（2-15-4）即可求得该温度下难溶盐在水中的饱和浓度 c，经换算即得该难溶盐的溶解度。

电导测定不仅可以用来测定碘酸银、氯化银、硫酸铅、硫酸钡等难溶盐的溶解度，还可以测定弱电解质的电离度和电离常数，盐的水解度等。

因温度对溶液的电导有影响，本实验在恒温下测定。

三、仪器与试剂

（一）仪器

超级恒温槽　　　　　　　1 套　　　DDS-11C 型电导率仪　　　1 台

电导电极（镀铂黑）　　　1 支　　　锥形瓶　　　　　　　　　3 个

（二）试剂

电导水，AgI（AR）。

四、实验步骤

1.调节恒温槽温度在(25±0.1)℃范围内。

2.制备 AgI 饱和溶液

在干净的锥形瓶中加入少量 AgI,用电导水至少洗 3 次,每次洗涤需剧烈振荡并加热至沸腾,待溶液澄清后,倾去溶液再加电导水洗涤,重复洗涤 3 次可除去可溶性杂质。再在锥形瓶中加入电导水溶解 AgI,使之成饱和溶液,将锥形瓶放入恒温槽内静置,使溶液尽量澄清(该过程时间长,可在实验开始前进行)。

3.测定 AgI 饱和溶液的电导率 $\kappa_{溶液}$

取少量制备好的 AgI 饱和溶液润洗电导电极和锥形瓶,润洗 3 次,再将澄清的 AgI 饱和溶液倒入锥形瓶,插入电导电极。将锥形瓶放入恒温槽内,恒温 10 min 后,测定 AgI 饱和溶液的电导率 $\kappa_{溶液}$。按上面的步骤重复测量 2 次,求 3 次测量的平均值。

4.测定电导水的电导率 $\kappa_{水}$

用电导水洗电极 3 次,用同样的方法润洗锥形瓶 3 次。在锥形瓶中倒入适量电导水,将锥形瓶放入恒温槽内,恒温 10 min 后,测定其电导率。按上面的步骤重复测量 2 次,求 3 次测量的平均值。

5.实验完毕,洗净锥形瓶、电极,在瓶中装入蒸馏水,将电极浸入水中保存,关闭恒温槽及电导仪电源开关。

五、数据记录与处理

气压:_____。实验温度:_____。

1.数据记录

表 2-15-1　实验数据记录

参量 次数	水的电导率 $\kappa_{水}/(S \cdot m^{-1})$	饱和溶液的电导率 $\kappa_{溶液}/(S \cdot m^{-1})$	AgI 的电导率 $\kappa_{AgI}/(S \cdot m^{-1})$
1			
2			
3			
平均值	$\overline{\kappa_{水}}=$	$\overline{\kappa_{溶液}}=$	$\overline{\kappa_{AgI}}=$

2.数据处理

(1)由(2-15-4)式可知,AgI 的溶解度 c 为：$c = \dfrac{\overline{\kappa_{AgI}}}{\Lambda_m(AgI)} = \dfrac{\overline{\kappa_{溶液}} - \overline{\kappa_{水}}}{\Lambda_m^{\infty}(AgI)}$

(2)由物理化学手册查得 $\dfrac{1}{2}$ Ag^+ 和 $\dfrac{1}{2}$ I^- 在 25℃的无限稀释摩尔电导,计算 $\Lambda_m^{\infty}(AgI)$。

$$\Lambda_m(AgI) \approx \Lambda_m^{\infty}(AgI) = 2\left[\Lambda_m^{\infty}\left(\frac{1}{2}Ag^+\right) + \Lambda_m^{\infty}\left(\frac{1}{2}I^-\right)\right]$$

(3)计算溶解度。将 c_{AgI} 换算为 b_{AgI}(因溶液极稀,设溶液密度近似等于水的密度,并设 $\rho_水 = 1 \times 10^{-3} kg/m^3$ 便可换算)。溶解度是溶解物质的质量除以溶剂质量所得的商,所以 AgI 的溶解度为 $b_{AgI} \times M_{AgI}$。

六、思考题

1.电导率、摩尔电导率与电解质溶液的浓度有何规律?

2.离子独立移动定律的关系式如何?

3.查一下物理化学手册上的 AgI 溶解度,和实验值比较,计算相对误差。为什么会产生误差?

4.为什么 $\Lambda_m(AgI) \approx \Lambda_m^{\infty}(AgI)$?

实验十六　水样中氟离子含量的测定

一、实验目的与要求

1. 学习和掌握离子选择性电极法测定氟离子的原理和方法。
2. 了解总离子强度调节缓冲溶液的意义和作用。
3. 掌握利用酸度计测量电动势的操作技术。

二、实验原理

氟是自然界分布较广的元素,动植物组织中都有微量氟存在,主要来源为饮水和食物。人体摄入适量的氟,有利于牙齿的健康,但摄入过多则有害。轻则造成斑釉牙,重则造成氟骨症,危害人体健康。

水中微量的氟通常用氟离子选择电极(简称氟电极)作为指示电极,与饱和甘汞电极(电极电势已知,作参比电极)组成工作电池,电动势 $\varepsilon = \varphi_+ - \varphi_- = \varphi(\text{甘汞}) - \varphi(F^-)$。

氟电极是由掺杂了少量 EuF_2、CaF_2 和 LaF_3 单晶敏感电极薄膜、内参比电极($Ag\text{-}AgCl$ 电极)和内充液($0.1\ mol \cdot L^{-1}$ $NaCl$-$0.1\ mol \cdot L^{-1}NaF$ 溶液)组成,可表示为:

$$Ag\text{-}AgCl \mid NaCl(0.1\ mol \cdot L^{-1}),\ NaF(0.1\ mol \cdot L^{-1}) \mid LaF_3\ 膜 \mid F^-\ 试液$$

LaF_3 单晶对 F^- 有高度的选择性,允许 F^- 在其表面进行交换。氟电极使用的 pH 范围为 $5.0 \sim 5.5$,测定范围为 $10^{-1} \sim 10^{-6}\ mol \cdot L^{-1}$。氟电极的电势 $\varphi(F^-)$ 服从能斯特方程:

$$\varphi(F^-) = \varphi^{\ominus}(F^-) - \frac{RT}{F}\ln a(F^-) = \varphi^{\ominus}(F^-) - \frac{RT}{F}\ln\gamma c(F^-) \quad (2\text{-}16\text{-}1)$$

式中 γ 为活度系数,为了使测定过程中活度系数 γ 为定值,可在待测试液中加入一定量的总离子强度调节缓冲溶液(即 TISAB 液),使溶液的离子强度保持不变,则式(2-15-1)可写为:

$$\varphi(\mathrm{F}^-) = K - \frac{RT}{F}\ln c(\mathrm{F}^-) \tag{2-16-2}$$

于是得：

$$\varepsilon = \varphi(甘汞) - \left[K - \frac{RT}{F}\ln c\,(\mathrm{F}^-)\right] = K' + \frac{RT}{F}\ln c\,(\mathrm{F}^-) \tag{2-16-3}$$

式中 K' 为常数，当 F^- 浓度在 $1\sim10^{-6}$ mol·L^{-1} 时，ε 与 pF（F^- 浓度的负对数）呈线性关系。本实验采用标准曲线法进行测定。方法是：先将氟电极与饱和甘汞电极放在一系列含有不同浓度的 F^-（同时含有 TISAB）的标准溶液中，测定它们的电动势 ε 并作出 $\varepsilon\sim$pF 图，在一定浓度范围内它是一条直线。然后在待测水样（含有与标准溶液相同的 TISAB 液）中，用同一对电极测定其电动势（ε_x），再从 $\varepsilon\sim$pF 图上找出 ε_x 对应的 F^- 离子浓度。

离子强度调节液是由惰性电解质组成的。"惰性"是指此电解质所包含的离子对电极的响应无干扰或干扰程度很小。通常惰性电解质有较大的浓度，以控制标准溶液和未知溶液都有大致相同的总离子强度使各溶液的活度系数成为大致相同的恒量。调节液通常也是 pH 缓冲溶液，以控制溶液的 pH 在一定范围。因为溶液 pH 变化，对离子状态有很大影响。调节液有时也引入一定配位剂，以掩蔽某些严重干扰的离子。

三、仪器和试剂

(一)仪器

pXSJ-216F 型离子计	1 台	饱和甘汞电极	1 支
氟电极	1 支	电磁搅拌器	1 台

(二)试剂

总离子强度调节缓冲溶液（TISAB）：称取 60 g NaCl、59 g $\mathrm{Na_3Cit}$（柠檬酸钠）、102 g NaAc 放入大烧杯中，再加入 14 mL HAc、600 mL 去离子水溶解，用 1 mol·L^{-1} HAc 或 1 mol·L^{-1} NaOH 调节溶液的 pH=5.0～5.5，然后用去离子水定容至 1 L，贮存于塑料瓶中。

1.000×10^{-1} mol·$\mathrm{L}^{-1}\mathrm{F}^-$ 标准贮备液：准确称取 4.199 g NaF（经 120℃烘干 2 h，冷至室温）放入烧杯中，用去离子水溶解后，转移到 1 000 mL 容量瓶中定容后，贮存于塑料瓶中备用。

四、实验步骤

1. 氟电极的准备与 pXSJ-216FS 离子计的调节

测定前应将氟电极放在 10^{-4} mol·L^{-1} F^- 溶液中浸泡约 0.5 h,然后再用去离子水清洗电极至空白电势为-300 mV 左右(氟电极在不含 F^- 的去离子水中的电势约为-300 mV),最后浸泡在去离子水中待用。

2. 系列标准溶液的配制

在 100 mL 容量瓶中用移液管移入 10.00 mL 1.00×10^{-1} mol·L^{-1} F^- 标准溶液,加 10.00 mL TIAB 液,用去离子水稀释至刻度,摇匀即得 1.00×10^{-2} mol·L^{-1} F^- 标准溶液。用类似的方法依次在 4 个 100 mL 容量瓶中配制 1.00×10^{-3} mol·L^{-1},1.00×10^{-4} mol·L^{-1},1.00×10^{-5} mol·L^{-1},1.00×10^{-6} mol·L^{-1} 的 F^- 标准溶液(注意配制这 4 个溶液时,每个容量瓶中分别加入 9.00 mL TIAB 液)。

3. 标准溶液电动势的测定

将上述配制的五种不同浓度的 F^- 标准溶液,由低到高浓度依次转入小烧杯中,插入氟电极和饱和甘汞电极,在电磁搅拌器搅拌 1 min 后读取电动势(ε)。

4. 水样的测定

准确量取 50.00 mL 水样(自来水)于 100 mL 容量瓶中,加入 10.00 mLTIAB 液,用去离子水稀释至刻度,摇匀在与标准溶液相同的条件下测定其电动势(ε_x)。

五、数据处理

1. 将 F^- 系列标准溶液及待测水样所测得的电动势 ε 记录到表 2-16-1 中。

表 2-16-1　实验据记录

F^- 标准溶液	ε/mV	F^- 标准溶液	ε/mV
1.00×10^{-2} mol·L^{-1}		1.00×10^{-5} mol·L^{-1}	
1.00×10^{-3} mol·L^{-1}		1.00×10^{-6} mol·L^{-1}	
1.00×10^{-4} mol·L^{-1}		水样	

2. 绘制标准曲线:以测得的标准溶液的电动势 ε 为纵坐标,以 pF 为横坐标,绘制标准曲线。

3.计算水样中 F^- 的浓度:从标准曲线上查出 ε_x 对应的 F^- 浓度,从而可换算出水样中 F^- 的浓度。

六、思考题

1.加入 TIAB 液的作用有哪些?

2.饮用水和食品中的氟含量多少对人的健康有影响?有哪些影响?试归纳说明环境中氟污染来源。

实验十七　黏度法测定水溶性高聚物相对分子质量

一、实验目的要求

1.掌握黏度法测定聚合物分子量的基本原理。
2.掌握用乌氏黏度计测定高聚物稀溶液黏度的实验技术及数据处理方法。

二、实验原理

单体分子经加聚或缩聚过程便可合成高聚物。高聚物溶液由于其分子链长度远大于溶剂分子,液体分子有流动或有相对运动时,会产生内摩擦阻力。内摩擦阻力越大,表现出来的黏度就越大,而且其与聚合物的结构、溶液浓度、溶剂性质、温度以及压力等因素有关。聚合物溶液黏度的变化,一般采用下列有关的黏度量进行描述。

1.黏度比(相对黏度)用 η_r 表示。如果纯溶剂的黏度为 η_0,相同温度下溶液的黏度为 η,则

$$\eta_r = \frac{\eta}{\eta_0} \tag{2-17-1}$$

2.黏度相对增量(增比黏度)用 η_{sp} 表示,是相对于溶剂来说,溶液黏度增加的分数

$$\eta_{sp} = \frac{\eta - \eta_0}{\eta_0} = \eta_r - 1 \tag{2-17-2}$$

η_{sp} 与溶液浓度有关,一般随溶液浓度的增加而增加。

3.黏数(又叫比黏度),对高分子聚合物溶液,黏度相对增量往往随溶液浓度的增加而增大,因此常用其与浓度之比来表示溶液的黏度,称为黏数,即

$$\frac{\eta_{sp}}{c} = \frac{\eta_r - 1}{c} \tag{2-17-3}$$

4.对数黏数(又叫比浓对数黏度),是黏度比的自然对数与浓度之比,即

$$\frac{\ln \eta_r}{c} = \frac{\ln(1 + \eta_{sp})}{c} \tag{2-17-4}$$

单位为浓度的倒数,常用 mL/g 表示。

5.极限黏度(又叫特性黏度)用 $[\eta]$ 表示,定义为黏数 η_{sp}/c 或对数黏数 $\ln\eta_r/c$ 在无限稀释时的外推值,即

$$[\eta] = \lim_{c \to 0} \frac{\eta_{sp}}{c} = \lim_{c \to 0} \frac{\ln\eta_r}{c} \tag{2-17-5}$$

$[\eta]$ 值与浓度无关,量纲是浓度的倒数。

实验证明,对于给定的聚合物在给定的溶剂和温度下,$[\eta]$ 的数值仅由试样的摩尔质量 $\overline{M}_\eta^\alpha$ 所决定。$[\eta]$ 与高聚物摩尔质量之间的关系,通常用带有两个参数的 Mark—Houwink 经验方程式来表示:即

$$[\eta] = K \cdot \overline{M}_\eta^\alpha \tag{2-17-6}$$

式中:K 为比例常数;α 为扩张因子,与溶液中聚合物分子的形态有关;$\overline{M}_\eta$ 为黏均摩尔质量。

K、α 与温度、聚合物的种类和溶剂性质有关,K 值受温度影响较大,而 α 值主要取决于高分子线团在溶剂中舒展的程度,一般介于 $0.5 \sim 1.0$ 之间。在一定温度时,对给定的聚合物-溶剂体系,一定的分子量范围内 K、α 为一常数,$[\eta]$ 只与摩尔质量大小有关。K、α 值可从有关手册中查到(附录),或采用几个标准样品根据式(2-17-6)进行确定,标准样品的摩尔质量可由绝对方法(如渗透压和光散射法等)确定。

在一定温度下,聚合物溶液黏度对浓度有一定的依赖关系。描述溶液黏度与浓度关系的方程式很多,应用较多的有:哈金斯(Huggins)方程

$$\frac{\eta_{sp}}{c} = [\eta] + k [\eta]^2 c \tag{2-17-7}$$

和克拉默(Kraemer)方程

$$\frac{\ln\eta_r}{c} = [\eta] - \beta [\eta]^2 c \tag{2-17-8}$$

对于给定的聚合物在给定温度和溶剂时,k、β 应是常数,其中 k 称为哈金斯(Huggins)常数,它表示溶液中聚合物之间和聚合物与溶剂分子之间的相互作用,k 值一般说来对摩尔质量并不敏感。用 $\ln\eta_r/c$ 对 c 的图外推和用 η_{sp}/c 对 c 的图外推得到共同的截距 $[\eta]$,如图 2-17-1 所示。

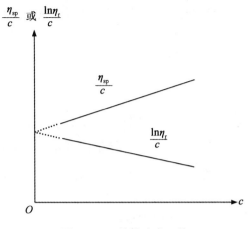

图 2-17-1 外推法求 η 值

由式(2-17-7)和式(2-17-8)得一点法求 $[\eta]$ 的方程:

$$[\eta] = \frac{1}{c}\sqrt{\frac{1}{k+\beta}(\eta_{sp} - \ln\eta_r)}\qquad(2\text{-}17\text{-}9)$$

由此可见,用黏度法测定高聚物摩尔质量,关键在于 $[\eta]$ 的求得,最方便的方法是用毛细管黏度计测定溶液的黏度比。常用的黏度计有乌氏(Ubbelchde)黏度计,如图 2-17-2 所示,其特点是溶液的体积对测量没有影响,所以可以在黏度计内采取逐步稀释的方法得到不同浓度的溶液。

根据黏度比定义

$$\eta_r = \frac{\eta}{\eta_0} = \frac{\rho t\left(1 - \dfrac{B}{At^2}\right)}{\rho_0 t_0\left(1 - \dfrac{B}{At_0^2}\right)}\qquad(2\text{-}17\text{-}10)$$

式中:ρ、ρ_0 分别为溶液和溶剂的密度。如溶液的浓度不大($C < 1\times 10\ \text{kg}\cdot\text{m}^{-3}$),溶液的密度与溶剂的密度可近似地看作相同,即 $\rho \approx \rho_0$;A 和 B 为黏度计常数;t 和 t_0 分别为溶液和溶剂在毛细管中的流出时间。在恒温条件下,用同一支毛细管测定溶液和溶剂的流出时间,如果溶剂在该黏度计中的流出时间大于 100 s,则动能校正项 $\dfrac{B}{At^2}$ 值远远小于 1,因此溶液的黏度比为

$$\eta_r = \frac{t}{t_0}\qquad(2\text{-}17\text{-}11)$$

所以只需测定溶液和溶剂在毛细管中的流出时间就可得到 η_r。

三、仪器和试剂

(一)仪器

乌氏黏度计	1 支	移液管(5 mL,10 mL)	各 1 支
恒温槽	1 套	容量瓶(100 mL、25 mL)	各 1 个
玻璃砂漏斗	1 个	秒表	1 块

(二)试剂

聚乙烯基吡咯烷酮(PVP),去离子水。

四、实验步骤

1.调节恒温槽温度至(30±0.05)℃

安装好恒温槽各元件后,调节接点温度计温度指示螺母上沿所指温度较指示温度低 1~2℃,接通电源,同时开通搅拌,这时红色指示灯亮,表示加热器在工作。当红灯熄灭后,等温度升到最高,观察接点温度计与 1/10 温度计的差别,按差别大小进一步调节温度计,直到达到规定的温度值,这时略为正向或反向调节螺母,即能使红绿灯交替出现。扭紧固定螺钉,固定调节帽位置后,观察绿灯出现后温度计的最高值及红灯出现后的最低值,观察数次至最高和最低示指的平均值与规定温度相差不超过 0.1℃。

2.配制浓度约为 0.02 g/mL 聚合物溶液

准确称取聚乙烯基吡咯烷酮于 25 mL 容量瓶中,加入约 20 mL 去离子水,使其溶解(最好提前一天进行)。将容量瓶放在恒温槽内,用 30℃的去离子水稀至刻度,取出混合均匀,用玻璃砂漏斗过滤,再放入恒温槽内恒温待用。

3.洗涤黏度计

黏度计和待测液体是否清洁,是决定实验成功的关键之一。如果是新的黏度计,先用洗液洗,再用自来水洗 3 次,去离子水洗 3 次,烘干待用(图 2-17-2)。

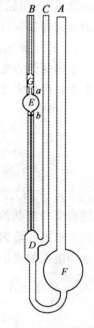

图 2-17-2　乌氏黏度计

4.测定溶剂流出时间

将清洁干燥的黏度计垂直安装于恒温槽内,使水面完全浸没小球。用移液管移取 10 mL 已恒温的去离子水,恒温 3 min,封闭黏度计的支管口,用吸耳球经橡皮管由毛细管上口将水抽至最上一个球的中部时,取下洗耳球,放开支管,使其中的水自由下流,用眼睛水平注视着正在下降的液面,用秒表准确记录流经下球上下两刻度之间的时间,重复 3 次,误差不得超过 0.2 s。

5.测定溶剂流出时间

将清洁干燥的黏度计安装于恒温槽内,用干净的 10 mL 移液管移取已经恒温好的聚合物溶液于黏度计中(注意尽量不要将溶液黏在管壁上),恒温 2 min,按以上步骤测定溶液(浓度 1)的流出时间 t_1。

用移液管依次加入 1 mL、2 mL 、2 mL 、5 mL、10 mL、10 mL 已恒温的去离子水,用向其中鼓泡的方法使溶液混合均匀,准确测量每种浓度溶液的流出时间,每种浓度溶液的测定都不得少于 3 次,误差不超过 0.2 s。

6.黏度计的洗涤

倒出溶液,用去离子水反复洗涤,直到与 t_0 开始相同为止。

五、注意事项

1.黏度计必须洁净,如毛细管壁上挂有水珠,需用洗液浸泡(洗液经 2# 砂芯漏斗过滤除去微粒杂质)。

2.高聚物在溶剂中溶解缓慢,配制溶液时必须保证其完全溶解,否则会影响溶液起始浓度,而导致结果偏低。

3.本实验中溶液的稀释是直接在黏度计中进行的,所用溶剂必须先在与溶液所处同一恒温槽中恒温,然后用移液管准确量取并充分混合均匀方可测定。

4.测定时黏度计要垂直放置,否则影响结果的准确性。

六、数据处理

1.由相关系式 $\eta_{sp} = \eta_r - 1$ 计算各相对浓度 c' 时的 η_r 和 η_{sp}。

2.以 η_{sp}/c' 和 $\ln\eta_r/c'$ 分别对 c' 作图并作线性外推求得截距 A,以 A 除以起始浓度 c_0 得 $[\eta]$。

3.30℃时聚乙烯基吡咯烷酮-水体系：

$$\kappa = 3.39 \times 10^{-2} \qquad \alpha = 0.59$$

按式(2-17-6)计算出聚乙烯基吡咯烷酮的黏均摩尔质量。

表 2-17-1　不同浓度溶液的黏度测定记录

项目		加入去离子水体积/mL				
		0	1	2	5	10
流出时间/s	第1次					
	第2次					
	第3次					
平均值						

七、思考题

1.乌氏黏度计和奥氏黏度计有什么区别？各有什么优点？

2.测量时黏度计倾斜放置会对测定结果有什么影响？

3.在本实验中,引起实验误差的主要原因是什么？

实验十八　偶极矩的测定

一、实验目的要求

1.用溶液法测定乙酸乙酯的偶极矩。
2.了解偶极矩与分子电性质的关系。
3.掌握溶液法测定偶极矩的主要实验技术。

二、实验原理

1.偶极矩与极化度

分子结构可以近似地看成是由电子云和分子骨架（原子核及内层电子）所构成。由于其空间构型的不同，其正负电荷中心可以是重合的，也可以不重合。前者称为非极性分子，后者称为极性分子。

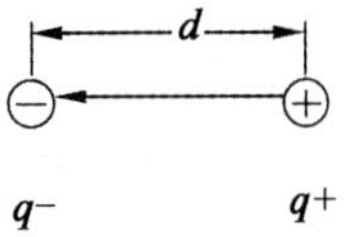

1912 年德拜（Debye）提出"偶极矩" μ 的概念来度量分子极性的大小，如图 2-18-1 所示，其定义是

图 2-18-1　电偶极矩示意图

$$\mu = q \cdot d \tag{2-18-1}$$

式中：q 是正、负电荷中心所带的电量；d 为正、负电荷中心之间的距离；μ 是一个向量，其方向规定为从正到负。因分子中原子间的距离的数量级为 10^{-10} m，电荷的数量级为 10^{-20} C，所以偶极矩的数量级是 10^{-30} C・m。

通过偶极矩的测定，可以了解分子结构中有关电子云的分布和分子的对称性，可以用来鉴别几何异构体和分子的立体结构等。

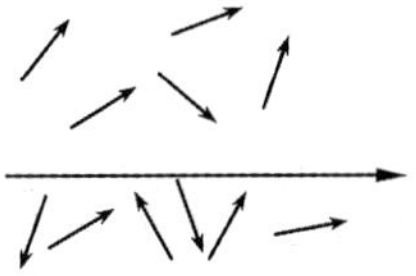

极性分子具有永久偶极矩，但由于分子的热运动，偶极矩指向某个方向的机会均等。所以偶极矩的统计值等于零。若将极性分子置于均匀的电场 E 中，则偶极矩在电场的作用下，如图 2-18-2 所示趋向电场方向排列。这时我们称这些分子被极化了，极化的程度可用摩尔转向

图 2-18-2　极性分子在电场作用下的定向

极化度 $P_{转向}$ 来衡量。

$P_{转向}$ 与永久偶极矩平方成正比，与热力学绝对温度 T 成反比。

$$P_{转向} = \frac{4}{3}\pi N \cdot \frac{\mu^2}{3kT} = \frac{4}{9}\pi N \cdot \frac{\mu^2}{kT} \qquad (2\text{-}18\text{-}2)$$

式中：k 为玻兹曼常数，N 为阿伏加德罗常数。

在外电场作用下，不论极性分子或非极性分子，都会发生电子云对分子骨架的相对移动，分子骨架也会发生形变，这称为诱导极化或变形极化，用摩尔诱导极化度 $P_{诱导}$ 来衡量。显然 $P_{诱导}$ 可分为二项，即电子极化度 $P_{电子}$ 和原子极化度 $P_{原子}$，因此 $P_{诱导} = P_{电子} + P_{原子}$。$P_{诱导}$ 与外电场强度成正比，与温度无关。

如果外电场是交变场，极性分子的极化情况则与交变场的频率有关。当处于频率小于 $10^{10}\,\text{s}^{-1}$ 的低频电场或静电场中，极性分子所产生的摩尔极化度 P 是转向极化、电子极化和原子极化的总和。

$$P = P_{转向} + P_{电子} + P_{原子} \qquad (2\text{-}18\text{-}3)$$

当频率增加到 $10^{12} \sim 10^{14}\,\text{s}^{-1}$ 的中频（红外频率）时，电子的交变周期小于分子偶极矩的松弛时间，极性分子的转向运动跟不上电场的变化，即极性分子来不及沿电场方向定向，故 $P_{转向} = 0$，此时极性分子的摩尔极化度等于摩尔诱导极化度 $P_{诱导}$。当交变电场的频率进一步增加到 $>10^{15}\,\text{s}^{-1}$ 的高频（可见光和紫外频率）时，极向分子的转向运动和分子骨架变形都跟不上电场的变化。此时极性分子的摩尔极化度等于电子极化度。

因此，原则上只要在低频电场下测得极性分子的摩尔极化度 P，在红外频率下测得极性分子的摩尔诱导极化度 $P_{诱导}$，两者相减得到极性分子摩尔转向极化度 $P_{转向}$，然后代入式(2-18-2)就可算出极性分子的永久偶极矩 μ。

2.极化度的测定

克劳修斯、莫索和德拜(Clausius-Mosotti-Debye)从电磁场理论得到了摩尔极化度 P 与介电常数 ε 之间的关系式：

$$P = \frac{\varepsilon - 1}{\varepsilon + 2} \cdot \frac{M}{\rho} \qquad (18\text{-}4)$$

式中：M 为被测物质的摩尔质量；ρ 为该物质在 T K 的密度；ε 可以通过实验测定。

溶液法的基本想法是，在无限稀释的非极性溶剂的溶液中，溶质分子所处的状态和气相时相近，于是无限稀释溶液中溶质的摩尔极化度 P_2^{∞}，就可以看作式(2-18-4)中的 P。

海台斯纳特(Hedestran)首先利用稀释溶液的近似公式。

$$\varepsilon_溶 = \varepsilon_1(1 + \alpha X_2) \tag{2-18-5}$$

$$\rho_溶 = \rho_1(1 + \beta X_2) \tag{2-18-6}$$

再根据溶液的加和性,推导出无限稀释时溶质摩尔极化度的公式:

$$P = P_2^\infty = \lim_{x_2 \to 0} P_2 = \frac{3\alpha\varepsilon_1}{(\varepsilon_1 + 2)^2} \cdot \frac{M_1}{\rho_1} + \frac{\varepsilon_1 - 1}{\varepsilon_1 + 2} \cdot \frac{M_2 - \beta M_1}{\rho_1} \tag{2-18-7}$$

式(2-18-5)、式(2-18-6)、式(2-18-7)中,$\varepsilon_溶$、$\rho_溶$ 是溶液的介电电常数和密度;M_2、X_2 是溶质的摩尔质量和摩尔分数;ε_1、ρ_1、M_1 分别是溶剂的介电常数、密度和摩尔质量;α、β 是分别与 $\varepsilon_溶$-X_2 和 $\rho_溶$-X_2 直线斜率有关的常数。

上面已经提到,在红外频率的电场下,可以测得极性分子摩尔诱导极化度 $P_{诱导} = P_{电子} + P_{原子}$。但是在实验上由于条件的限制,很难做到这一点。所以一般总是在高频电场下测定极性分子的电子极化度 $P_{电子}$。

根据光的电磁理论,在同一频率的高频电场作用下,透明物质的介电常数 ε 与折光率 n 的关系

$$\varepsilon = n^2 \tag{2-18-8}$$

习惯上用摩尔折射度 R_2 来表示高频区测得的极化度,而此时,$P_{转向} = 0$,$P_{原子} = 0$,则

$$R_2 = P_{电子} = \frac{n^2 - 1}{n^2 + 2} \cdot \frac{M}{\rho} \tag{2-18-9}$$

在稀溶液情况下,还存在近似公式:

$$n_溶 = n_1(1 + \gamma X_2) \tag{2-18-10}$$

同样,从式(2-18-9)可以推导得无限稀释时,溶质的摩尔折射度的公式:

$$P_{电子} = R_2^\infty = \lim_{x_2 \to 0} R_2 = \frac{n_1^2 - 1}{n_1^2 + 2} \cdot \frac{M_2 - \beta M_1}{\rho} + \frac{6n_1^2 M_1 \gamma}{(n_1^2 + 2)^2 \rho_1} \tag{2-18-11}$$

上述式(2-18-10)、式(2-18-11)中,$n_溶$ 是溶液的折射率,n_1 是溶剂的折射率,γ 是与 $n_溶 - X_2$ 直线斜率有关的常数。

3.偶极矩的测定

考虑到原子极化度通常只有电子极化度的 $5\% \sim 15\%$,而且 $P_{转向}$ 又比 $P_{原子}$ 大得多,故常常忽视原子极化度。

从式(2-18-2)、式(2-18-3)、式(2-18-7)和式(2-18-11)可得

$$P_{转向} = P_2^\infty - R_2^\infty = \frac{4}{9}\pi N \frac{\mu^2}{kT} \tag{2-18-12}$$

上式把物质分子的微观性质偶极矩和它的宏观性质介电常数、密度、折射率联系起来,分子的永久偶极矩就可用下面简化式计算:

$$\mu = 0.012\,8\sqrt{(P_2^\infty - R_2^\infty)T}$$
$$= 0.042\,6 \times 10^{-30}\sqrt{P_2^\infty - R_2^\infty\,T}(\text{C}\cdot\text{m}) \tag{2-18-13}$$

在某种情况下,若需要考虑 $P_{原子}$ 影响时,只需对 R_2^∞ 作部分修正就行了。

上述测求极性分子偶极矩的方法称为溶液法。溶液法测溶质偶极矩与气相测得的真实值间存在偏差。造成这种现象的原因是由于非极性溶剂与极性溶质分子相互间的作用——"溶剂化"作用。这种偏差现象称为溶剂法测量偶极矩的"溶剂效应"。罗斯(Ross)和赛奇(Sack)等曾对溶剂效应开展了研究,并推导出校正公式。

此外,测定偶极矩的方法还有多种,如温度法、分子束法、分子光谱法及利用微波谱的斯诺克法等。

4.介电常数的测定

介电常数是通过测定电容计算而得的。

我们知道,如果在电容器的两个极板间充以某种电解质,电容器的电容量就会增大。如果维持极板上的电荷量不变,那么充电解质的电容器二板间电势差就会减少。设 C_0 为极板间处于真空时的电容量,C 为充以某电解质时的电容量,则 C 与 C_0 之比值 ε 称为该电解质的介电常数:

$$\varepsilon = \frac{\varepsilon_x}{\varepsilon_0} = \frac{C}{C_0} \tag{2-18-14}$$

式中:ε_x 和 ε_0 分别为该物质和真空的电容率,C 为该电解质的电容量,C_0 为电容器两极板间处于真空的电容量。

由于小电容测量仪测定电容时,除电容池两极间的电容 C 外,整个测试系统中还有分布电容 C_d 的存在,所以实测的电容应为 C 和 C_d 之和,即

$$C_x = C + C_d \tag{2-18-15}$$

C 值随介质而异,但 C_d 对同一台仪器而言是一个定值。故实验时,需先求出 C_d 值,并在各次测量中扣除。求 C_d 的方法是通过测定一已知介电常数的物质来求得。

先测定无样品时空气的电容 $C_空$，则有

$$C'_空 = C_空 + C_d \qquad (2\text{-}18\text{-}16)$$

用一个已知介电常数的标准物质测得电容 $C'_标$，则有

$$C'_标 = C_标 + C_d = \varepsilon_标\, C_空 + C_d \qquad (2\text{-}18\text{-}17)$$

式(2-18-16)、式(2-18-17)中分别为标准物质和空气的电容。

由式(2-18-16)、式(2-18-17)可得：

$$C_d = \frac{\varepsilon_标\, C'_空 - C'_标}{\varepsilon_标 - 1} \qquad (2\text{-}18\text{-}18)$$

代入此式即能算出 C_d 值。

三、仪器和试剂

(一)仪器

阿贝折光仪	1台	干燥器	1只
电容测定仪	1台	容量瓶(10 mL)	5个
电吹风	1个	电容池	1个

(二)试剂

四氯化碳(分析纯)，乙酸乙酯(分析纯)。

四、实验步骤

1.溶液配制

将 5 个干燥的容量瓶编号，分别称量空瓶重。在 2～5 号空瓶内分别加入 0.5 mL、1.0 mL、1.5 mL 和 2.0 mL 的乙酸乙酯再称重。然后在 1～5 号的 5 个瓶内加 CCl_4 至刻度，再称重。操作时应注意防止溶质、溶剂的挥发以及吸收极性较大的水汽。为此，溶液配好后应迅速盖上瓶塞，并置于干燥器中。

2.折光率的测定

用阿贝折光仪测定 CCl_4 及各配制溶液的折光率，注意测定时各样品需加样 3 次，每次读取 3 个数据。

3.介电常数的测定

(1)电容 C_0 和 C_d 的测定。本实验采用 CCl_4 作为标准物质。其介电常数的温度公式为:

$$\varepsilon_{CCl_4} = 2.238 - 0.002(t - 20)$$

式中:t 为恒温温度(℃)。25℃时 C_{CCl_4} 应为2.228。

用电吹风将电容池样品室吹干,并将电容池与电容测定仪连线接上,开启电容测定仪工作电源,预热 10 min,用调零旋钮调零,并进行测量,待数显稳定后记录显示值,此即是 $C'_空$。再用移液管或注射器量取 1 mL CCl_4 慢慢注入电容池样品室(防止产生气泡),至数显稳定后,记录 C'_{CCl_4}。然后用注射器抽去样品室内样品,再用洗耳球吹扫,至数显的数字与 $C'_空$ 的值相差无几(<0.02 pF),否则需再吹。将所测值代入式(2-18-15)、式(2-18-16)、式(2-18-18),可解出 C_0 和 C_d 值。

(2)乙酸乙酯溶液电容的测定。测定方法与测纯 CCl_4 的方法相同。按上述方法分别测定各浓度溶液的 $C'_溶$,每次测 $C'_溶$ 后均需复测 $C'_空$,以检验样品室是否还有残留样品。

五、注意事项

1.乙酸乙酯易挥发,配制溶液时动作应迅速,以免影响浓度。

2.盛溶液的器皿需干燥,溶液应透明不发生浑浊现象。

3.测定电容时,应防止溶液的挥发及吸收空气中极性较大的水气影响测定值,因此,操作应熟练快捷。

4.请用移液管加入样品,且每次加入的样品量必须严格相同。

5.利用阿贝折射仪测定溶液的折射率时,由于溶质和溶剂的挥发性不同,故样品的放置一定要迅速,防止溶液浓度改变,造成测量结果失真。

六、数据处理

1.按溶液配制的实测质量,计算各溶液的实际摩尔分数浓度 x_2。

2.以各溶液的折射率 n_1 对 x_2 作图,求出 γ 值。

3.计算纯四氯化碳及各溶液的密度 ρ,作 ρx_2 图,由直线斜率求得 β 值。

4.计算出各溶液的 ε,作 εx_2 图,由直线斜率求得 α 值。

5.代入公式求出 $P_2^\infty R_2^\infty$ 代入式(2-18-13)计算乙酸乙酯的永久偶极矩 μ。

七、思考题

1.准确测定溶质摩尔极化度和摩尔折射率时,为什么要外推至无限稀释?

2.试分析试验中引起误差的主要因素,如何改进?

实验十九 物质磁化率测定

一、实验目的要求

1.通过测定一些络和物的磁化率,求算未成对电子数和判断这些分子的配键类型。

2.掌握古埃(Gouy)法磁天平测定物质磁化率的基本原理和实验方法。

二、实验原理

1.磁化率

在外磁场作用下,物质将会被磁化,产生一附加磁场。此时物质内部的磁感应强度等于

$$B = B_0 + B' = \mu_0 H + B' \tag{2-19-1}$$

式中:B_0 为外磁场的磁感应强度,B' 为物质磁化产生的附加磁感应强度,H 为外磁场强度,μ_0 为真空磁导率,其数值等于 $4\pi \times 10^{-7} \text{N/A}^2$。

对于顺磁性和逆磁性物质来说,其磁化的程度可用磁化强度矢量 M 来描述,其与外磁场强度 H 成正比。

$$M = \chi H \tag{2-19-2}$$

式中:χ 为物质的体积磁化率,是物质的一种宏观磁性质,无量纲,表示单位磁场强度下单位体积的磁矩。在化学上常用的是质量磁化率 χ_m 或摩尔磁化率 χ_M 来表示物质的磁性质,其定义分别为:

$$\chi_m = \frac{\chi}{\rho} \tag{2-19-3}$$

$$\chi_M = M \cdot \chi_m = \frac{M \cdot \chi}{\rho} \tag{2-19-4}$$

式中：ρ 和 M 分别为物质的密度和摩尔质量。由于 χ 是无量纲的量，故质量磁化率 χ_m 和摩尔磁化率 χ_M 的单位分别是 m^3/kg 和 m^3/mol。

2. 分子磁矩和磁化率

物质的磁性与组成物质的原子、离子或分子的微观结构有关，当原子、离子或分子的两个自旋状态电子数不相等，即有未成对电子时，物质就具有永久磁矩。由于热运动，永久磁矩的指向在各个方向的机会相同，所以该磁矩的统计值等于零。在外磁场作用下，具有永久磁矩的原子、离子或分子除了其永久磁矩会顺着外磁场的方向排列，表现为顺磁性外，还由于它内部的电子轨道运动有感应的磁矩，其方向与外磁场方向相反，表现为反磁性，此类物质的摩尔磁化率 χ_M 是其摩尔顺磁磁化率 $\chi_顺$ 和摩尔逆磁磁化率 $\chi_逆$ 之和。即

$$\chi_M = \chi_顺 + \chi_逆 \tag{2-19-5}$$

对于顺磁性物质，$\chi_顺 \gg |\chi_逆|$，可作近似处理，$\chi_M = \chi_顺$。对于逆磁性物质，则只有 $\chi_逆$，所以它的 $\chi_M = \chi_逆$。

第三种情况是物质被磁化的强度与外磁场强度不存在正比关系，而是随着外磁场强度的增加而剧烈增加，当外磁场消失后，它们的附加磁场，并不立即随之消失，这种物质称为铁磁性物质。

磁化率是物质的宏观磁性质，分子磁矩是物质的微观性质，用统计力学的方法可以得到摩尔顺磁化率 $\chi_顺$ 和分子永久磁矩 μ_m 之间的关系：

$$\chi_顺 = \frac{N_A \mu_m^2 \mu_0}{3kT} = \frac{C}{T} \tag{2-19-6}$$

式中：N_A 为阿伏伽德罗常数；k 为玻尔兹曼常数；T 为绝对温度。一般情况下，分子的顺磁性几乎都是自旋贡献的，轨道磁矩贡献小。因此，只有存在未成对的电子的物质才具有永久磁矩，物质的永久磁矩 μ_m 与它的未成对电子数的关系为：

$$\mu_m = \mu_B \sqrt{n(n+2)} \tag{2-19-7}$$

式中：μ_B 为玻尔磁子，其物理意义是单个自由电子自旋所产生的磁矩。

$$\mu_m = \frac{eh}{4\pi m_e} = 9.274 \times 10^{-24} (J/T) \tag{2-19-8}$$

式中：h 为普朗克常数；m_e 为电子质量。因此，只要实验测得 χ_M，即可求出 μ_m，算出未成对电子数，从而为研究简单分子的电子结构，络合物的键型和立体化学研究提供信息。

3.磁化率的测定

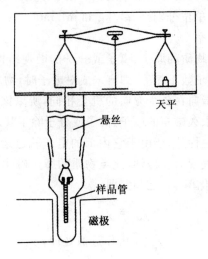

图 2-19-1　磁天平示意图

本实验采用古埃法测定物质的磁化率 χ_M，其实验装置示意图如图 2-19-1 所示。

将装有样品的圆柱形玻璃管如图 2-19-1 所示方式悬挂在两磁极中间，使样品底部处于磁铁两极的中心，亦即磁场强度 H 最强区域，样品的顶端则位于磁场强度 H 最弱区域，甚至为零的区域。这样整个样品被置于一不均匀的磁场中，沿样品轴心方向 Z 存在一磁场梯度 dH/dZ，若圆形样品截面积为 A，则作用于长度为 dZ 的样品上的力为

$$dF = \chi \mu_0 HA dZ \frac{dH}{dZ} \tag{2-19-9}$$

对于顺磁性物质的作用力，指向磁场强度最大的方向，反磁性物质则指向磁场强度最小的方向，当不考虑样品周围介质（如空气，其磁化率很小）和 H_0 的影响时，整个样品所受的力为：

$$F = \int_{H_0=H}^{H_0=0} \chi \mu_0 AH \frac{dH}{dZ} dZ = \frac{1}{2} \chi \mu_0 AH^2 \tag{2-19-10}$$

当样品受到磁场作用力时，天平的另一臂加减砝码使之平衡，设 Δm 为施加磁场前后的质量差，则

$$F = \frac{1}{2} \chi \mu_0 AH^2 = g\Delta m = g(\Delta m_{空管+样品} - \Delta m_{空管}) \tag{2-19-11}$$

由于 $\chi = \chi_m \rho$，将 $\rho = \dfrac{m}{hA}$ 代入式(2-19-11)，整理得

$$\chi_M = \frac{2(\Delta m_{空管+样品} - \Delta m_{空管})hgM}{\mu_0 mH^2} \tag{2-19-12}$$

式中：h 为样品的高度；m 为样品质量；M 为样品的摩尔质量；ρ 为样品密度；μ_0 为真空磁导率。

磁场强度 H 可用"特斯拉计"直接测量，或用已知磁化率的标准物质进行间接测量。例如用莫尔氏盐（$(NH_4)_2SO_4 \cdot FeSO_4 \cdot 6H_2O$），已知莫尔氏盐的质量磁化率 χ_m 与热力学温度 T 的关系式为：

$$\chi_m = \frac{9\,500}{T+1} \times 4\pi \times 10^{-9}\,(m^3/kg) \tag{2-19-13}$$

三、仪器和试剂

(一)仪器

磁天平	1 台	软质玻璃样品管	1 支
装样品的工具	1 套		

(二)试剂

莫尔氏盐 $(NH_4)_2SO_4 \cdot FeSO_4 \cdot 6H_2O$（分析纯），硫酸亚铁 $FeSO_4 \cdot 7H_2O$（分析纯），亚铁氰化钾 $K_4[Fe(CN)_6] \cdot 3H_2O$（分析纯）。

四、实验步骤

1. 将电流调节旋钮左旋到底，打开电源开关，调节到任一电流值，预热 5 min。

2. 在霍尔探头远离磁场时，调节特斯拉的调零旋钮，使其数字显示为"0"。

3. 把霍尔探头放入磁铁的中心支架上，使其顶端放入待测磁场中，并轻轻、缓慢地前后、左右调节探头的位置，观察数字显示值，直至调节到最大值，固定。

4. 把电流调节至零，缓慢由小到大调节励磁电流。分别读取 $I=1$ A、$I=2$ A、$I=3$ A、$I=4$ A 时的 B 值，缓慢调节至 $I=5$ A，然后再缓慢由大到小调节励磁电流，分别读取 $I=4$ A、$I=3$ A、$I=2$ A、$I=1$ A 时的 B 值，并记入下表；再重复操作一次。关闭电源。

5. 用莫尔氏盐标定磁场强度，取一只洁净、干燥的样品管悬挂在天平的一端，

使样品管底部与两磁极中心连线平齐(样品管不能与磁极相接触),准确称取空样品管质量,然后接通电源,缓慢由小到大调节电流,分别称取 $I=1$ A、$I=2$ A、$I=3$ A、$I=4$ A 时的空样品管质量,缓慢调节至 $I=5$ A,再缓慢由大到小调节励磁电流,分别称取 $I=4$ A、$I=3$ A、$I=2$ A、$I=1$ A 时的空样品管质量,再缓慢调节至 $I=0$ A,断开电源开关,在其无励磁电流的情况下,再准确称取一次空样品管质量。

同法重复测定一次,将两次测得的数据取平均值。

注意:

(1)两磁极距离不得随意变动;

(2)样品管不得与磁极相接触;

(3)实验时应避免气流对测量影响;

(4)每次测量后应将天平托起盘托起。

用励磁电流由小至大、由大至小这种测量方法是为了抵消实验时磁场剩磁现象的影响。

6.取下样品管,用小漏斗装入事先研细并干燥过的莫尔氏盐,并不断让样品管底部在软木垫上轻轻碰撞,务使粉末样品均匀填实,直至装入所要求的高度,用刻度尺准确测量样品高度 h。按第五步方法分别准确称取相应电流强度下的质量。

同法重复测定一次,将两次测得的数据取平均值。测定完毕后,将样品管中的莫尔氏盐样品倒入回收瓶中,然后洗净、烘干样品管。

7.用同一样品管,同法测定 $FeSO_4 \cdot 7H_2O$ 和 $K_4[Fe(CN)_6] \cdot 3H_2O$ 在不同电流强度下的质量。

要特别注意:样品在样品管中的高度与第一支试管中莫尔氏盐的高度完全相等。

8.其他数据记录

①样品高度 h _____;②绝对温度 T _____。

五、注意事项

1.电源开关打开或关闭前,应先将电位器逐渐调节至零。

2.励磁电流的升降应平稳、缓慢、严防突发性断电。

3.空样品管需干燥、洁净,样品应均匀填实。

4.实验时应避免气流对测量的影响。

六、数据处理

1. 由式(2-19-13)算出莫尔氏盐的质量磁化率 χ_m ，并结合有关实验数据利用式(2-19-12)计算相应励磁电流下的磁场强度(可与用特斯拉计测量的结果对照)。

2. 按式(2-19-4)算出待测样品 $FeSO_4 \cdot 7H_2O$ 和 $K_4[Fe(CN)_6] \cdot 3H_2O$ 摩尔磁化率 χ_{M°。

3. 再根据式(2-19-6)和式(2-19-7)计算待测样品 $FeSO_4 \cdot 7H_2O$ 和 $K_4[Fe(CN)_6] \cdot 3H_2O$ 的永久磁矩 μ_m 和未成对电子数 n。

4. 根据未成对电子数，讨论 $FeSO_4 \cdot 7H_2O$ 和 $K_4[Fe(CN)_6] \cdot 3H_2O$ 中的中心离子 Fe^{2+} 的最外层电子结构，并由此判断配键类型。

七、思考题

1. 为什么要用标准物质校正磁场强度？
2. 古埃法测定物质磁化率的精确度与哪些因素有关？
3. 古埃法测定物质磁化率的原理是什么？
4. 不同励磁电流下测得的样品摩尔磁化率是否相同？

探索实验

实验二十　离子浮选法处理印染废水中的活性染料

一、实验目的要求

1. 掌握离子浮选技术。
2. 脱色率的分光光度法测定。
3. 印染废水中的活性染料去除法。

二、实验原理

离子浮选技术是一种新型的分离和净化方法。在离子浮选中,根据被浮选离子在溶液中的状态,选用与被浮选离子具有相反电性的阴离子或阳离子表面活性剂作为浮选剂,其在气/液两相界面上吸附,形成定向的离子层,使泡沫带电,对溶液中的异电离子有静电吸引作用。利用浮选剂对不同电性离子的吸引力不同,将溶液中的某些离子富集在泡沫中,利用气泡的浮力作用将被分离组分带出溶液,从而达到分离的目的。离子浮选受 pH、发泡率和溶液浓度的影响。

由于印染废水中的活性染料带有的 SO_3Na 基团具有良好的亲水性能,所以在预处理过程中较难用物理或化学方法使之沉淀而去除。在印染废水中加入带有阳离子十六烷基三甲基溴化铵(CTAB)表面活性剂作为起泡剂(浮选剂),进行离子浮选。由于 CTAB 中的阳离子与染料二聚体的—SO_3^- 基在溶液中组合成疏松的胶体,经鼓泡后再气泡上定向排列并形成多层吸附,导致电子云相互作用形成新的分子轨道,使结合物紧密聚合成为不溶性浮渣除去,从而达到将印染废水脱色目的。

印染废水脱色率的测定采用分光光度法测定。印染废水中的活性染料浓度 c 与吸光度 A 的关系如下:

$$A = kcL \tag{2-20-1}$$

式中:K 为吸光系数,L 为液层厚度,单位为 cm。

脱色率计算
$$D = \left[1 - \frac{A_t}{A_0}\right] \times 100\% \tag{2-20-2}$$

式中:A_0 为浮选前原液的吸光度,A_t 为浮选后溶液的吸光度。

浮选效率为:
$$\eta = \frac{c_0 - c_t}{c_0} \times 100\% \tag{2-20-3}$$

式中:c_0 为浮选前浮选液中染料的浓度,单位 $mol \cdot L^{-1}$;c_t 为浮选后浮选液中染料的浓度,单位为 $mol \cdot L^{-1}$。

三、仪器和试剂

(一)仪器

T6 分光光度计	1 台	pH 计	1 台
间歇式离子浮选装置	1 套		

(二)试剂

十六烷基三甲基溴化铵,染料。

四、操作步骤

1.模拟印染废水和 CTAB 的配制,配制模拟印染废水浓度为 $0.1\ g \cdot L^{-1}$,CTAB 浓度为 $60\ mg \cdot L^{-1}$。

2.安装好间歇式浮选设备,如图 2-20-1 所示。关闭间歇式浮选柱气室下方活塞,打开充气泵,调节空气流量,当送入浮选塔的空气流量达到 $1.6 \sim 2.0\ mL \cdot s^{-1}$ 时,在间歇式浮选塔内加入印染废水,$1 \sim 2$ min 后从浮选柱底部一次将表面活性剂 CTAB 注入柱内。将流量计压差调至所需流量位置,同时开始计时。

3.印染废水的脱色率的测定

每隔 10 min 在距离表面层液面 15 cm 处,用取样器取样 2 mL,然后进行比色分析。泡沫液由溢流口溢出,收集在大烧杯中。一直浮选至浮选液变得清澈透明。记下所需的时间和与之对应的吸光度,计算脱色率。

4.实验结束后,关闭进气阀。将废水倒出,清洗干净浮选柱。

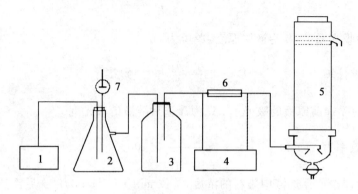

图 2-20-1　离子浮选实验装置

1.充气泵；2.增压瓶；3.缓冲瓶；4.数字压差计
5.间歇式浮选塔；6.毛细管；7.针形阀

五、注意事项

1.表面活性剂浓度与待分离物的适宜比例对浮选率的影响很大。表面活性剂的临界胶束浓度(CMC)是表面活性剂溶液的表面活性的一种量度，CMC 越小，则表示此种表面活性剂形成胶束所需的浓度越低达到表面饱和吸附的浓度越低。实验中表面活性剂浓度要小于 CMC，当表面活性剂浓度大于 CMC 时，由于形成表面活性胶束而降低其吸附作用。

2.浮选溶液的 pH 影响到分离物和表面活性剂在溶液中的存在形式以及颗粒表面的荷电性质，对浮选效率有很大的影响。实验中 pH 一般控制在中性，可避免染料水解而造成的亲水性增大，影响浮选效率。

3.气体流量、气泡大小及其分布、泡沫层厚度以及浮选剂的加入方式对浮选效率均有影响。

六、思考题

1.印染废水与 CTAB 的比例如何确立？

2.由离子浮选法去除印染废水的脱色率能达到 100% 吗？

实验二十一　红色素热降解动力学参数的测定

一、实验目的要求

1. 掌握一级反应动力学方程式以及 Arrhenius 方程。
2. 会使用分光光度计测定溶液的吸光度。
3. 通过实验研究测定出龙葵红色素降解反应的速率方程、速率常数、半衰期及活化能。

二、实验原理

龙葵为茄科茄属一年生草本植物,其红色素属花色苷类天然色素,被证明具有医药功效,包括抗氧化作用、抗炎和抗昏厥活性,降低血清胆固醇及血清脂质水平,抗变异与抗肿瘤作用,改善肝功能效果等,是很有开发潜力的天然食品色素品种,但该色素对热、光、氧等敏感。

研究表明,花色苷在低温下的稳定性较好,加热会使花色苷变成无色。在低 pH 下,颜色由鲜艳的紫红色逐渐变暗,特定波长下吸光度值下降,此现象反映出其反应热降解。

在采取措施排除光照和氧化干扰后,假定龙葵红色素在无光照、无空气氧化、无酶干扰下稳定地进行热降解反应。本实验是依据经典物理学和物理化学理论——朗伯-比耳(Lambert-Beer)定律、一级化学反应动力学方程 Arrhenius 方程开展色素热降解程度测定和表征热降解规律的。

龙葵红色素降解反应符合一级反应动力学。在一定波长和单色光照射下,处于酸性的龙葵色素液的浓度与吸光度 A 成正比(该色素提取液在波长 $514\sim530$ nm 有最大吸收),在色素热降解过程中,随着色素浓度的减小,吸光度值不断减小,而色素浓度随时间 t 的变化符合一级反应动力学规律。故用吸光度值 A 代替色素浓度的一级反应速率方程积分式应为 $\ln A = -kt + B$(k 为速率常数,B 为与反应体系和条件有关的常数),色素热降解反应的半衰期应为 $t_{1/2} = 0.693/k$。在某温度下,由测定的 A-t 数据对作 $\ln A$-t 图,即可得到该温度下的速率常数 k 和

半衰期 $t_{1/2}$ 数值。再做 $\ln k - 1/T$ 曲线，又可由其斜率和 Arrhenius 方程 $\ln k = (-E_a/R)(1/T) + B$ 求得色素热降解反应活化能。

三、仪器与试剂

（一）仪器

721 分光光度计	1 台	精密酸度计	1 台
离心机	1 台	磁力加热搅拌器	1 台
恒温水浴	1 台		

（二）试剂

鲜龙葵果（新采摘的成熟而饱满无损的鲜黑龙葵果，或保鲜储存品）、去离子水、柠檬酸(A.R.)，无水乙醇(A.R.)。

四、实验步骤

为了掌握龙葵果红色素提取液在上述过程中可能遇到的各种条件下的稳定情况，提高其在这些过程中的稳定性，需测定色素提取液在不同温度及隔离空气、避光条件下的热降解情况，进而总结其热降解化学动力学规律。

本实验采用的流程为：龙葵鲜果—洗净、除梗、破碎—溶剂浸提色素—离心—取上清液—热降解化学动力学研究。

1. 提取龙葵红色素

龙葵果置于 25 mL 小烧杯中，用塑料小勺捣碎；用 pH 为 1.72 的柠檬酸水溶液，按 100 mL 溶液:1.33 g 鲜果的比例浸提，40℃温度下浸提 60 min；在 3 000 r·min^{-1} 下离心 10 min。

为便于测定不同降解时间的吸光度值，按吸光度值在 0.7~0.8 范围，配制色素浸提液进行测定。

2. 测定龙葵红色素的最大吸收波长

龙葵色素提取液在波长 514~530 nm 有最大吸收，通过实验确定 527 nm 为其最大吸收波长。

3. 测定不同温度时最大吸收波长下的吸光度值

先提取色素，得色素液，然后再排空气且无光照下进行不同温度的热稳定性测定。取鲜果称重，按上述方法提取色素后，将色素液分别加入 9 支 20 mL 试管中

（加满且不留气泡以消除空气对实验结果的影响），塞上硅胶塞，套上塑料膜，分别置于不同温度（40℃、50℃、60℃、70℃、80℃）的恒温水浴中恒温，盖上水浴锅盖以使色素液免受光照。隔一定时间，在波长为 527 nm 的单色光照射下测一次吸光度值（用移液管量取一定体积样液，避光冷却至室温，然后再测吸光度值）。为确保实验准确性，每管色素液只用一次。记录并处理测定数据，归纳色素热降解化学动力学规律。

4.数据处理

以实验数据作图，求出该色素热降解反应在不同温度下的反应速率常数、半衰期和活化能等动力学参数。

五、数据记录与处理

自己设计表格记录实验数据。

六、思考题

1.该实验测定吸光度时，有哪些因素影响数据准确性？

2.为何 pH 对龙葵色素的颜色有影响？

3.怎样通过实验数据作图判断龙葵红色素热降解反应是否为一级反应？

4.测定龙葵红色素热降解反应活化能时采用的温度区间大好还是小好？为什么？

实验二十二　牛奶中酪蛋白和乳糖的分离与鉴定

一、实验目的要求

1. 掌握调节 pH 分离牛奶中酪蛋白和乳糖的方法。
2. 熟悉酪蛋白和乳糖的鉴定方法。
3. 通过酪蛋白电泳实验分离不同形态的酪蛋白。

二、实验原理

　　牛奶是一种均匀稳定的悬浮状和乳浊状的胶体性液体,主要由水、脂肪、蛋白质、乳糖和盐组成。酪蛋白是牛奶中的主要蛋白质,是含磷蛋白质的复杂混合物。蛋白质是两性化合物,当调节牛奶的 pH 达到酪蛋白的等电点(pH＝4.8)时,蛋白质所带正、负电荷相等,呈电中性,此时酪蛋白的溶解度最小,会从牛奶中沉淀出来,以此分离酪蛋白。因酪蛋白不溶于乙醇和乙醚,可用此两种溶剂除去酪蛋白中的脂肪。牛奶中酪蛋白的含量约为 3.4%。

　　乳糖是一种二糖,它由 D-半乳糖分子 C' 上的半缩醛羟基和 D-葡萄糖分子 C_4 上的醇羟基脱水通过 β-1,4-糖苷键连接而成。乳糖是还原性糖,绝大部分以 α-乳糖和 β-乳糖两种同分异构体形态存在,α-乳糖的比旋光 $[\alpha]_D^{20}＝+86°$,β-乳糖的比旋光度 $[\alpha]_D^{20}＝+35°$,水溶液中两种乳糖可互相转变,因此水溶液有变旋光现象。乳糖也不溶于乙醇,当乙醇混入乳糖水溶液中,乳糖将结晶出来,从而达到分离的目的。牛奶中乳糖的含量为 4%～6%。20℃时,乳糖的溶解度为 16.1%。

三、设计要求

　　1. 查阅有关牛奶中酪蛋白的分离方法及鉴定的资料,提出实验方案和具体的实验操作步骤。

　　2. 查阅有关牛奶中乳糖的分离方法及测定,提出实验方案和具体的实验操作步骤。

3.设计电泳实验分离酪蛋白的实验步骤。

4.根据实验方案提出所需的仪器和试剂。

四、数据处理及结论

五、思考题

1.根据酪蛋白的什么性质可以从牛奶中分离酪蛋白？

2.如何用化学方法鉴别乳糖和酪蛋白？

第三部分
附　　　录

附录1 缓冲储气罐

缓冲储气罐具有使用寿命长,气密性好,安装简便,使用安全、可靠等优点。其中压力罐的使用压力为-100~250 kPa,系统泄露量<0.1 kPa/min。缓冲罐装置如图 3-1-1 所示:

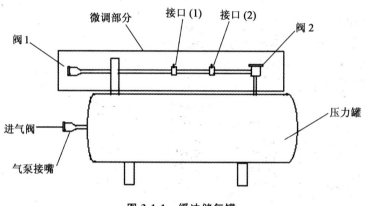

图 3-1-1　缓冲储气罐

1.使用方法

(1)安装　用橡胶客或塑料管将进气阀与气泵相连接,接口(1)与数字压力表连接,接口(2)用堵头塞紧。安装时应注意连接管插入接口深度要≥15 mm,并用喉箍扣紧,否则会影响气密性。

(2)首次使用或长时间未用而重新启动时应,首先检查气密性　将进气阀、平衡阀 2 打开,平衡阀 1 关闭(三阀均为顺时针关闭,逆时针开启),启动气泵加压(或抽气)至 100~200 kPa,此时数字压力表显示的即为压力罐中的压力值;然后关闭进气阀,停止气泵工作。观察数字压力计,若显示数字下降值在标准范围内(小于0.01 kPa/s),说明整体气密性良好。否则需查找并清除漏气原因,直至合格。

(3)微调部分的气密性检查　关闭气泵、进气阀和平衡阀 2,用平衡阀 1 调整微调部分的压力,使之低于压力罐中压力的 1/2,观察数字压力计,其变化值在标准范围内(小于±0.01 kPa/4 s),说明气密性良好,若压力上升值超过标准,说明平衡阀 2 泄漏;若压力下降值超过标准,说明平衡阀 1 泄漏。

2.与被测系统连接进行测试

去掉堵头,用橡胶管将储气罐接口(2)与被测系统连接,接口(1)与数字压力计连接,关闭平衡阀1,开启平衡阀2和进气阀,启动气泵,加压(抽气),从数字压力表即可读出压力罐中的压力值。

然后关闭进气阀,停止气泵工作,关闭平衡阀2,调节平衡阀1使微调部分与罐内压力相等。之后,关闭平衡阀2,开启平衡阀1,泄压至低于气罐压力。观察数字压力计,显示值变化≤0.01 kPa/4 s,即为合格。

检漏完毕,开启平衡阀1使微调部分泄压至零。

3.操作注意事项

(1)阀的开启、关闭不可用力过猛,以防止损坏气密件,影响气密性。

(2)由于阀的阀芯未设防脱装置,关闭阀门时严禁将阀与阀体旋至脱离状态,以免阀芯在压力作用下造成安全事故。

(3)维修阀必须先将压力罐的压力释放后,方可进行拆卸。

(4)连接各接口时,要用力适度,避免造成人为的损坏。

(5)压力罐的压力使用范围为:−100～250 kPa,为了使用安全,加压时不能超出此范围。

(6)在使用过程中,调节平衡阀2时压力计显示的压力值有时跳动属正常现象,待压力计的压力值稳定后方可工作。

附录 2　DP-AF 精密数字压力计

DP-A 精密数字压力计具有操作简单,显示直观、清晰、仪表准确度教高,长期稳定性良好等优点。

1.型号及适用范围

DP-A 精密数字压力计应其型号不同,适用范围不同。现介绍 DP-AF 和 DP-AW 两种压力计。

(1)DP-AF 精密数字压力计,其测量范围:－100～0 kPa,测量分变为 0.0 kPa,属于低真空检测仪表,适用于负压测量及饱和蒸气压测定实验。

(2)DP-AW 精密数字压力计,其测量范围:－10～10 kPa,测量分变为 0.001 kPa,属于微压检测仪表,适用于正、负微压测量及最大气泡法测定表面张力实验。

2.按键说明

(1)前面板示意图

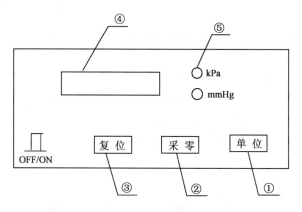

图 3-2-1　前面板示意图

①单位键　选择所需要的计量单位。

②采零键　扣除仪表的零压力值(即零点漂移)。

③复位键　程序有误时重新启动 CPU。

④数据显示屏　显示被测压力数据。

⑤指示灯　显示不同计量单位的信号灯。

"单位"键：当接通电源，初始状态为 kPa，显示以 kPa 为计量单位的零压力值；按一下"单位"键，mmHg 指示灯亮，LED 显示以 mmHg 为计量单位的零压力值。

"采零"键：在测试前必须按一下采零键，使仪表自动扣除传感器零压力值（零点漂移），LED 显示为 0000，保证测试时显示值为被测介质的实际压力值。

"复位"键：按下此键，可重新启动 CPU，仪表即可返回初始状态，一般用于死机时，在正常测试中，不应按此键。

（2）后面板示意图

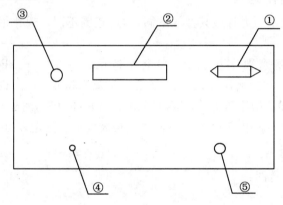

图 3-2-2　后面板示意图

①电源插座　与市电～220 V 相接。
②电脑串行口　电脑主机后面板的 RS232 串行口连接。
③压力接口　被测压力的引入接口。
④压力调整　被测压力满量程调整。
⑤保险丝　0.2 A。

3.使用方法

（1）该机为一体式仪表（压力传感器和二次仪表为一体），用 4.5～5 mm 内径的真空橡胶管将仪器后面板压力接口与被测系统连接。

（2）用电源线将市电 220 V 与后面板电源插座①相连接，如图 3-2-2 所示。将电源开关置于"ON"，显示器显示初始位置。

（3）预压及气密性检查　缓慢加压到满量程，检查传感器及其检测系统是否有泄漏，确认无泄漏后，泄压至零，并反复预压 2～3 次，方可正式测试。气密性检查后，泄压至零，在测试前必须按一下"采零"开关，扣除传感器及仪表的零点漂移（显示器为"0000"),保证测试时显示器显示值为被测介质的实际压力值。

（4）测试　仪表采零后接通被测量系统,此时仪表显示值即为被测系统的压力值。

（5）关机　测试完毕,泄压后,将"电源开关"置于"OFF"位置即可。

附录3 阿贝折射仪的原理和操作方法

折光率是物质的重要物理常数之一，借助它可以鉴定物质的种类，了解物质的纯度、浓度及其结构。在实验室中常用阿贝折光仪来测量物质的折光率，其优点是测量中试液用量少（几滴即可）、操作简便、读数准确。

1.构造原理

光从介质 A 进入另一种介质 B 时，不仅光速会发生改变，而且还会发生折射。根据折射定律，在一定的波长及温度下，其入射角 α 和折射角 β 与这两种介质的折光率 n_A、n_B 有如下关系，即：

$$\frac{\sin\alpha}{\sin\beta} = \frac{n_B}{n_A} \tag{3-3-1}$$

在一定温度下对于一定的两种介质此比值是一定的。若介质为真空，规定 $n_A = 1$，固介质的绝对折光率为 $n_B = \dfrac{\sin\alpha}{\sin\beta}$，如果介质 A 为空气，因为 $n_{空气} = 1.0029$，所以有 $\dfrac{\sin\alpha}{\sin\beta} = \dfrac{n_B}{1.0029} = n_B' \approx n_B$。

n_B' 称为介质 B 对空气的相对折光率。绝对折光率和相对折光率相差很小，通常用相对折光率近似代替绝对折光率，但精密测定时必须进行校正。

如果 $n_A < n_B$，则 A 介质称为光疏介质，B 介质称为光密介质。光线由光疏介质进入光密介质时，折射角小于入射角，即 $\beta < \alpha$（图 3-3-1），当入射角达到极大值 $90°$ 时，对应的折射角称为临界角，用 β_c 表示，不可能有大于临界角的折射光。因此只有入射角小于临界角的入射光才能进入光疏介质中。反之，若一束光由光疏介质进入光密介质，入射角大于折射角。当入射角 $\alpha = 90°$ 时，折射角为 β_0，故任何方向的入射光都可进入光密介质中，其折射角 $\beta < \beta_0$。

阿贝折射仪是根据临界折射现象设计的（图 3-3-2）。被测样品置于测量棱镜的 F 面上。由于棱镜的折光率 $n_P = 1.85$ 大于试样的折光率，如果入射光 α 正好沿着棱镜与试样的界面 F 方向射入，其折射光为 α'，即入射角 $\alpha_a = 90°$，对应的折射角即为临界角 β_c。因光线自光疏介质进入光密介质，因而不可能有比 β_c 更大的折射角，这样大于临界角的区域构成暗区，小于临界角的区域构成亮区。所以 β_c 具有特征测量意义。根据公式（3-3-1）可得到待测样品的折光率。

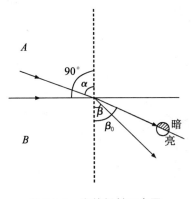

图 3-3-1　光的折射示意图

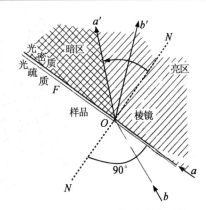

图 3-3-2　阿贝仪测量原理图

$$n = n_P \cdot \frac{\sin\beta_c}{\sin 90°} = n_p \cdot \sin\beta_c$$

因为棱镜的折射率已知,所以只要保持温度和单色波长都恒定,测出临界角 β_c,就能算出被测试样的折光率 n。

由于折光率数值与波长和温度有关,所以在测量时要在棱镜的周围夹套内通入恒温水,以保持恒温,折光率以符号 n 表示,且在其右下角、右上角分别标明测定时所用的波长与介质温度,例如 n_D^{25},表示 25℃时该介质对钠光 D 线(黄色,$\lambda = 589.6$ nm)的折光率。

2.仪器构造

阿贝折光仪的结构和光路构造如图 3-3-3 所示。

阿贝折光仪常用日光做光源,日光是混合光,不同波长的光在通过棱镜时折光率不同,因而产生色散,明暗界限不清。为了清除色散,在仪器上安装可调的消色补偿器——阿密西棱镜(两个 Amici 棱镜)。实验时可转动消色补偿器消除色散现象。

阿贝折光仪的主要部件是两块直角的棱镜 6 和 7,当棱镜对角线平面叠合时,放入两棱镜缝隙间的液体试样即铺展成一薄层,光线由反射镜 10 反射到辅助棱镜 7 的磨砂玻璃面上,发生色散,以不同的入射角进入液体层,然后到达测量棱镜的表面,一部分发生全反射,而另一部分光可折射而透过棱镜,再经聚焦之后射于测量目镜 2 上,调节目镜使明暗分界线图像清晰。由于试样不同,折射率也不同,因此明暗分界线不一定正好落在测量目镜中"×"线的交点上。为此必须通过转动棱镜组 6 的转轴 11 来调节刻度盘 12 到样品的实际折射角,使清晰的明暗分界线恰好与斜十字"×"线的交点重合,这是从读数放大镜 1 中读出的刻度数值即为试样

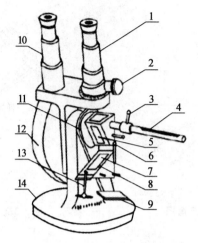

图 3-3-3　阿贝折射仪的构造图

1.测量望远镜；2.消色散手柄；3.恒温水入口；4.温度计；5.测量棱镜；6.铰链；7.辅助棱镜；
8.加液槽；9.反射镜；10.读数望远镜；11.转轴；12.刻度盘罩；13.闭合旋钮；14.底座

在测量温度下对钠光 D 线的折射率。

3.使用方法

(1)仪器安装　将阿贝折光仪置于光亮处(靠窗位置或普通白炽灯前)。要避免强光线的直射,以避免液体试样迅速蒸发。将超级恒温水浴调到测定所需的温度。在棱镜外套上装好温度计,用橡皮套将两个棱镜上的保温套的进出水口与超级恒温槽串连,恒温温度以折光仪上的温度计读数为准。

(2)加样　松开锁钮,打开辅助棱镜,使镜面上的磨砂斜面处于水平位置,用滴管滴 2 滴丙酮在镜面上,合上棱镜,使镜面全部被丙酮润湿后再打开,用擦镜纸轻轻擦干镜面(切勿用滤纸)或吹干。然后滴 1～2 滴待测液体与辅助棱镜毛面上,闭合辅助棱镜,旋紧锁钮,要使待测液体均匀覆盖于两棱镜面上,不可有气泡存在,否则需重新加样。如果样品为易挥发液体,可从二棱镜之间的加液小槽口滴入。

(3)对光　转动棱镜组手柄调整棱镜,使刻度盘标尺上的示值为最小;调节反光镜使入射光进入棱镜组达到合适的强度,视场明亮;调节目镜使斜十字线清晰。

(4)粗调　转动棱镜组,使刻度盘标尺上的示值逐渐增大,直至观察到视场中发现彩色光带或黑白临界线。

(5)消色散　转动消色散手柄,使视场内呈现清晰的明暗临界线。

(6)精调　转动棱镜组,使临界线恰好处于"×"线的交点上,若此时又出现微色散,必须重新调消色散手柄,使临界线明暗清晰。

（7）读数　从标尺上读出折光率，读至小数点后第四位（最小刻度是 0.001，可估计到 0.000 1）。为了减少视觉疲劳引起的偶然误差，应转动棱镜组，重复测定 3 次，3 个读数相差不大于 0.000 2，然后取其平均值。试样成分对折光率影响极为灵敏，常因污染或试样中易挥发组分蒸发而导致读数不准。因此一个试样必须重复取样 3 次，分别测定其数值，然后取其平均值。

注：阿贝折光仪读数标尺上的零点有时会发生移动，必须加以校正。校正的方法是使用一种已知折光率的标准液体，一般用纯水按上述方法进行测定，将其平均值与标准值比较，其差值极为校正值。纯水的 $n_D^{20} = 1.332\ 5$。

4. 阿贝折光仪的维护

阿贝折光仪是一精密、贵重的光学仪器，在使用时必须注意：

①开闭棱镜要小心，注意保护棱镜面；

②不得测量带有酸性、碱性、腐蚀性的液体。

附录 4　DDS-ⅡA 型电导率仪基本原理及操作方法

电解质溶液的电导目前多采用电导率仪进行测量。它的特点是测量范围广，快速直接，操作方便。

1. 基本原理

电导率仪由振荡器、放大器和指示器等部分组成，其测量原理如图 3-4-1 所示。

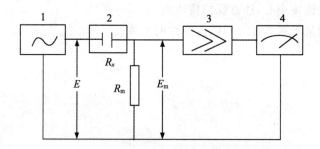

图 3-4-1　电导率仪测量原理图
1. 振荡器；2. 电导池；3. 放大器；4. 指示器

图 3-4-1 中 E 为振荡器产生的标准电压；R_x 为电导池的等效电阻；R_m 为标准电阻器；E_m 为 R_m 上的交流分压。由欧姆定律可得：

测量电流
$$I_x = \frac{E}{R_x + R_m} = \frac{E_m}{R_m}$$

如果电导池两极间距离为 L，电极有效面积为 A，所测溶液的电导率为 κ，则该溶液的电导为：$G = \kappa \dfrac{A}{L}$。

对已确定的一对电极，A/L 是一常数，叫电导池常数，用 K_{cell} 表示，即上式导出可得：

$$\kappa = K_{cell} G$$

$$E_m = \frac{E \cdot R_m}{R_m + R_x} = \frac{E \cdot R_m}{R_m + \dfrac{1}{G}}$$

由此可见,当 R_m、E 为常数时,溶液的电导率有所改变时(即电阻值 R_x 发生变化时),必将引起 E_m 的相应变化,因此测量 E_m 的值就可以反映电导率 κ 的高低。E_m 信号经放大检波后,由 $0\sim1$ mA 电表直接读出电导的示值来。

2.使用方法

DDS-11A 电导率仪的面板如图 3-4-2 所示。

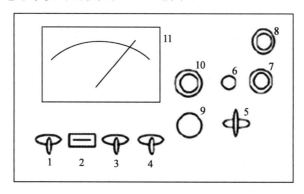

图 3-4-2　DDS-11A 型电导率仪的面板图

1.电源开关;2.指示灯;3.高周、低周开关;4.校正测量开关;5.量程选择开关;

6.电容补偿调节器;7.电极插口;8.10 mV 输出插口;9.校正调节器;

10.电极常数调节器;11.表头

(1)仪器在未接通电源前,检查指针是否指在零处,如不指零,可调整表头上的螺丝,使表针指零。

(2)该仪器可采用交流电源盒 15 V 直流电源。在使用交流电源时,将交流～直流转化开关拨至"交流",指示灯亮。表示交流电源已接通。若使用直流电源(直流电源直流线的红色夹接电源正极,黑色接负极),将交流～直流转化开关拨至"直流",直流电源接通时指示灯不亮。

(3)根据被测溶液电导率范围选择"高周"或"低周",并将电极常数调节器至实际电极常数处。并根据被测溶液的电导率范围选择"量程"档别。(如不知被测量的大小,应先调至最大量程位置,以免过载使表针打弯,以后逐档改变至所需量程)。连接电极引线。若被测定的电导较低(5×10^{-6} S 以下)时用光亮铂电极;若被测定的电导为 $5\times10^{-6}\sim0.15$ S 时用铂黑电极。

(4)将"校正-测量"选择开关置"校正"位置(此时按键开关的按钮弹出,按钮呈黑色),调整校正调节器,使指针停在指示表中的满刻度处或指定的位置。

（5）将"校正-测量"选择开关置"测量"位置（此时按键开关应按下,按钮呈红色）,将指示电表中的读数乘以范围选择器上的倍率,即得被测溶液电导率。

（6）测量完毕,将量程选择开关还原到最高档,校正测量开关拨向"校正",取出电极,用去离子水冲洗后,放回电极盒。

附录5 SDC 数字电位差综合测试仪

1. 测量原理

电位差计是按照对消法测量原理而设计的一种平衡式电学测量装置,能直接给出待测电池的电动势值(以伏特表示)。图 3-5-1 是对消法测量电动势原理示意图。从图可知电位差计由三个回路组成:工作电流回路、标准回路和测量回路。

①工作电流回路,也叫电源回路。从工作电源正极开始,经电阻 R_N、R_X,再经工作电流调节电阻 R,回到工作电源负极。其作用是借助于调节 R 使在补偿电阻上产生一定的电位降。

②标准回路。从标准电池的正极开始(当换向开关 K 扳向"1"一方时),经电阻 R_N,再经检流计 G 回到标准电池负极。其作用是校准工作电流回路以标定补偿电阻上的电位降。通过调节 R 使 G 中电流为零,此时产生的电位降 V 与标准电池的电动势 E_N 相抵消,也就是说大小相等而方向相反。校准后的工作电流 I 为某一定值 I_0。

③测量回路。从待测电池的正极开始(当换向开关 K 扳向"2"一方时),经检流计 G 再经电阻 R_X,回到待测电池负极。在保证校准后的工作电流 I_0 不变,即固定 R 的条件下,调节电阻 R_X,使得 G 中电流为零。此时产生的电位降 V 与待测电池的电动势 E_X 相对消。

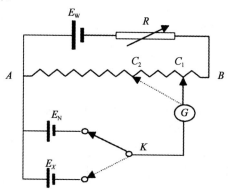

图 3-5-1 对消法测量原理示意图

E_W.工作电源;E_N.标准电池;E_X.待测电池;R.调节电阻;R_X.待测电池电动势补偿电阻;
K.转换电键;R_N.标准电动势补偿电阻;G.检流计

从以上工作原理可见,用直流电位差计测量电动势时,有两个明显的优点:

(1)在两次平衡中检流计都指零,没有电流通过,也就是说电位差计既不从标准电池中吸取能量,也不从被测电池中吸取能量,表明测量时没有改变被测对象的状态,因此在被测电池的内部就没有电压降,测得的结果是被测电池的电动势,而不是端电压。

(2)被测电动势 E_X 的值是由标准电池电动势 E_N 和电阻 R_N、R_X 来决定的。由于标准电池的电动势的值十分准确,并且具有高度的稳定性,而电阻元件也可以制造得具有很高的准确度,所以当检流计的灵敏度很高时,用电位差计测量的准确度就非常高。

2.操作方法

SDC 数字电位差综合测试仪面板见图 3-5-2。

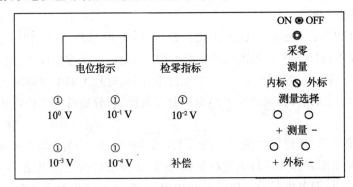

图 3-5-2　SDC 数字电位差综合测试仪面板示意图

(1)在使用前先接通电源预热 15～20 min。

(2)校正

内标法:将选择旋钮打到内标位置,给定 1 V 电动势,按校准按钮使平衡指示为零;

外标法:电极引线按正、负极插入外标位置,接通标准电池,选择旋钮打到外标位置,将标准电动势给定,按校准按钮使平衡指示为零。

(3)测量　将电极引线按正、负极插入测量位置,接通原电池,选择旋钮打到"测量"位置,从大到小调节旋钮调档,使平衡指示为零,读数即可。

附录6 旋 光 仪

1. 旋光现象和旋光度

一般光源发出的光，其光波在垂直于传播方向的一切方向上振动，这种光称为自然光，或称非偏振光；而只在一个方向上有振动的光称为平面偏振光。当一束平面偏振光通过某些物质时，其振动方向会发生改变，此时光的振动面旋转一定的角度，这种现象称为物质的旋光现象，这种物质称为旋光物质。旋光物质使偏振光振动面旋转的角度称为旋光度。尼柯尔（Nicol）棱镜就是利用旋光物质的旋光性而设计的。

2. 旋光仪的构造原理和结构

旋光仪的主要元件是两块尼柯尔棱镜。尼柯尔棱镜是由两块方解石直角棱镜沿斜面用加拿大树脂粘合而成，如图 3-6-1 所示。

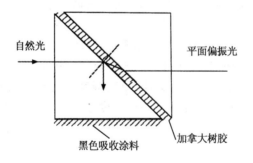

图 3-6-1 尼柯尔棱镜

当一束单色光照射到尼柯尔棱镜时，分解为两束相互垂直的平面偏振光，一束折射率为 1.658 的寻常光，一束折射率为 1.486 的非寻常光，这两束光线到达加拿大树脂粘合面时，折射率大的寻常光（加拿大树脂的折射率为 1.550）被全反射到底面上的墨色涂层被吸收，而折射率小的非寻常光则通过棱镜，这样就获得了一束单一的平面偏振光。用于产生平面偏振光的棱镜称为起偏镜，如让起偏镜产生的偏振光照射到另一个透射面与起偏镜透射面平行的尼柯尔棱镜，则这束平面偏振光也能通过第二个棱镜，如果第二个棱镜的透射面与起偏镜的透射面垂直，则由起偏镜出来的偏振光完全不能通过第二个棱镜。如果第二个棱镜的透射面与起偏镜的透射面之间的夹角 θ 为 $0°\sim90°$，则光线部分通过第二个棱镜，此第二个棱镜称为检偏镜。通过调节检偏镜，能使透过的光线强度在最强和零之间变化。如果在起偏镜与检偏镜之间放有旋光性物质，则由于物质的旋光作用，使来自起偏镜的光的偏振面改变了某一角度，只有检偏镜也旋转同样的角度，才能补偿旋光线改变的角度，使透过的光的强度与原来相同。旋光仪就是根据这种原理设计的。如图 3-6-2 所示。

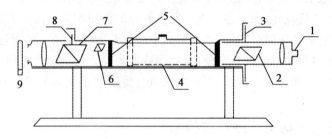

图 3-6-2　旋光仪构造示意图
1.目镜；2.检偏棱镜；3.圆形标尺；4.样品管；5.窗口；
6.半暗角器件；7.起偏棱镜；8.半暗角调节；9.灯

通过检偏镜用肉眼判断偏振光通过旋光物质前后的强度是否相同是十分困难的，这样会产生较大的误差，为此设计了一种在视野中分出三分视界的装置，原理是：在起偏镜后放置一块狭长的石英片，由起偏镜透过来的偏振光通过石英片时，由于石英片的旋光性，使偏振旋转了一个角度 Φ，通过镜前观察，光的振动方向如图 3-6-3 所示。

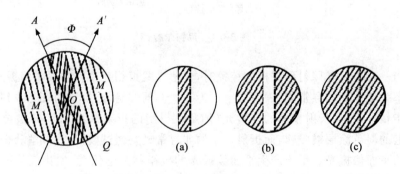

图 3-6-3　三分视野示意图

　　A 是通过起偏镜的偏振光的振动方向，A' 是又通过石英片旋转一个角度后的振动方向，此两偏振方向的夹角 Φ 称为半暗角（$\Phi = 2° \sim 3°$），如果旋转检偏镜使透射光的偏振面与 A' 平行时，在视野中将观察到：中间狭长部分较明亮，而两旁较暗，这是由于两旁的偏振光不经过石英片，如图 3-6-3(b)所示。如果检偏镜的偏振面与起偏镜的偏振面平行（即在 A 的方向时），在视野中将是：中间狭长部分较暗而两旁较亮，如图 3-6-3(a)所示。当检偏镜的偏振面处于 $\dfrac{\Phi}{2}$ 时，两旁直接来自起偏镜的光偏振面被检偏镜旋转了 $\dfrac{\Phi}{2}$，而中间被石英片转过角度 Φ 的偏振面对被检偏镜旋转角度 $\dfrac{\Phi}{2}$，这样，中间和两边的光偏振面都被旋转了 $\dfrac{\Phi}{2}$，故视野呈微暗状态，且三分视野内的暗度是相同的，如图 3-6-3(c)所示，将这一位置作为仪器的零点，在每次测定时，调节检偏镜使三分视界的暗度相同，然后读数。

3.影响旋光度的因素

　　(1)溶剂的影响　旋光物质的旋光度主要取决于物质本身的结构。另外，还与光线透过物质的厚度，测量时所用光的波长和温度有关。如果被测物质是溶液，影响因素还包括物质的浓度，溶剂也有一定的影响。因此旋光物质的旋光度，在不同的条件下，测定结果通常不一样。因此一般用比旋光度作为量度物质旋光能力的标准，其定义式为：

$$[\alpha]_t^D = \frac{10\alpha}{Lc}$$

式中：D 表示光源，通常为钠光 D 线，t 为实验温度，α 为旋光度，L 为液层厚度，单位为厘米，c 为被测物质的浓度（以每毫升溶液中含有样品的克数表示），在测定比旋光度$[\alpha]_t^D$ 值时，应说明使用什么溶剂，如不说明一般指水为溶剂。

　　(2)温度的影响　温度升高会使旋光管膨胀而长度加长，从而导致待测液体的密度降低。另外，温度变化还会使待测物质分子间发生缔合或离解，使旋光度发生改变。通常温度对旋光度的影响，可用下式表示：

$$[\alpha]_t^\lambda = [\alpha]_t^D + Z(t - 20)$$

式中：t 为测定时的温度，Z 为温度系数。

　　不同物质的温度系数不同，一般在 $-(0.01 \sim 0.04)℃^{-1}$ 之间。为此在实验测定时必须恒温，旋光管上装有恒温夹套，与超级恒温槽连接。

　　(3)浓度和旋光管长度对比旋光度的影响　在一定的实验条件下，常将旋光物质的旋光度与浓度视为成正比,因为将比旋光度作为常数。而旋光度和溶液浓度之间并不是严格地呈线性关系,因此严格讲比旋光度并非常数,在精密的测定中比旋光度和浓度间的关系可用下面的三个方程之一表示:

$$[\alpha]_t^\lambda = A + Bq$$

$$[\alpha]_t^\lambda = A + Bq + Cq^2$$

$$[\alpha]_t^\lambda = A + \frac{Bq}{C+q}$$

式中:q 为溶液的百分浓度;A,B,C 为常数,可以通过不同浓度的几次测量来确定。

旋光度与旋光管的长度成正比。旋光管通常有 10 cm、20 cm、22 cm 三种规格。经常使用的有 10 cm 长度的。但对旋光能力较弱或者较稀的溶液,为提高准确度,降低读数的相对误差,需用 20 cm 或 22 cm 长度的旋光管。

4. 旋光仪的使用方法

首先打开钠光灯,稍等几分钟,待光源稳定后,从目镜中观察视野,如不清楚可调节目镜焦距。

选用合适的样品管并洗净,充满蒸馏水(应无气泡),放入旋光仪的样品管槽中,调节检偏镜的角度使三分视野消失,读出刻度盘上的刻度并将此角度作为旋光仪的零点。

零点确定后,将样品管中蒸馏水换为待测溶液,按同样方法测定,此时刻度盘上的读数与零点时读数之差即为该样品的旋光度。

5. 使用注意事项

旋光仪在使用时,需通电预热几分钟,但钠光灯使用时间不宜过长。

旋光仪是比较精密的光学仪器,使用时,仪器金属部分切忌沾污酸碱,防止腐蚀。光学镜片部分不能与硬物接触,以免损坏镜片。不能随便拆卸仪器,以免影响精度。

6. 自动指示旋光仪结构及测试原理

目前国内生产的旋光仪,其三分视野检测、检偏镜角度的调整,采用光电检测器。通过电子放大及机械反馈系统自动进行,最后数字显示。该旋光仪具有体积小、灵敏度高、读数方便、减少人为地观察三分视野明暗度相同时产生的误差,对弱旋光性物质同样适应。

WZZ 型自动数字显示旋光仪,其结构原理如图 3-6-4 所示。

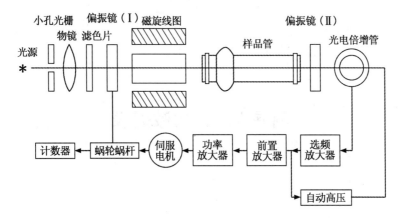

图 3-6-4　WZZ 型自动数字显示旋光仪结构原理图

　　该仪器用 20 W 钠光灯为光源,并通过可控硅自动触发恒流电源点燃,光线通过聚光镜、小孔光柱和物镜后形成一束平行光,然后经过起偏镜后产生平行偏振光,这束偏振光经过有法拉第效应的磁旋线圈时,其振动面产生 50 Hz 的一定角度的往复振动,该偏振光线通过检偏镜透射到光电倍增管上,产生交变的光电信号。当检偏镜的透光面与偏振光的振动面正交时,即为仪器的光学零点,此时出现平衡指示。而当偏振光通过一定旋光度的测试样品时,偏振光的振动面转过一个角度 α,此时光电讯号就能驱动工作频率为 50 Hz 的伺服电机,并通过蜗轮杆带动检偏镜转动 α 角而使仪器回到光学零点,此时读数盘上的示值即为所测物质的旋光度。

附录7 常用数据表

表 3-7-1 国际单位制基本单位(SI)

量的单位	单位名称	符号	
		中文	国际
长度	米	米	m
质量	千克	千克	kg
时间	秒	秒	s
电流	安培	安	A
热力学温度	开尔文	开	K
发光强度	坎德拉	坎	cd
物质的量	摩尔	摩	mol

表 3-7-2 不同温度下水的饱和蒸汽压

$t/℃$	p/kPa	$t/℃$	p/kPa	$t/℃$	p/kPa	$t/℃$	p/kPa
0	0.610 5	25	3.167 2	50	12.333 7	75	38.543 5
1	0.676 5	26	3.360 9	51	12.958 9	76	40.183 4
2	0.705 8	27	3.564 9	52	13.612 2	77	41.876 6
3	0.757 9	28	3.779 5	53	14.292 2	78	43.636 4
4	0.813 4	29	4.005 4	54	14.998 8	79	45.462 9
5	0.872 3	30	4.242 8	55	15.732 0	80	47.342 8
6	0.935 0	31	4.492 3	56	16.505 3	81	49.209 3
7	1.001 7	32	4.754 7	57	17.305 2	82	51.315 8
8	1.072 6	33	5.030 1	58	18.147 2	83	53.408 9
9	1.147 8	34	5.319 3	59	19.011 8	84	55.568 8
10	1.227 8	35	5.622 9	60	19.918 4	85	57.808 6
11	1.312 4	36	5.941 2	61	20.851 6	86	60.115 1
12	1.402 3	37	6.275 1	62	21.838 2	87	62.488 2
13	1.497 3	38	6.625 0	63	22.851 5	88	64.941 3
14	1.598 1	39	6.991 7	64	23.904 7	89	67.474 5
15	1.704 9	40	7.375 9	65	24.997 9	90	70.100 9
16	1.817 7	41	7.778 0	66	26.144 5	91	72.807 3
17	1.937 2	42	8.199 3	67	27.331 1	92	75.593 8
18	2.063 4	43	8.639 3	68	28.557 7	93	78.473 5
19	2.196 7	44	9.100 6	69	29.824 2	94	81.446 6
20	2.337 8	45	9.583 2	70	31.157 4	95	84.513 0
21	2.486 5	46	10.211 6	71	32.517 3	96	87.672 8
22	2.643 4	47	10.612 5	72	33.943 9	97	90.939 2
23	2.808 8	48	11.160 4	73	35.423 8	98	94.298 9
24	2.983 3	49	11.735 0	74	36.957 0	99	97.752 0

表 3-7-3　乙醇的饱和蒸汽压

$t/℃$	p/kPa	$t/℃$	p/kPa	$t/℃$	p/kPa
0	1.565 2	30	10.418 9	60	47.022 0
5	2.199 8	35	13.825 3	65	59.834 0
10	3.082 7	40	18.038 2	70	72.326 1
15	4.260 9	45	23.197 7	75	88.804 4
20	5.811 4	50	29.597 0	80	108.335 8
25	7.507 2	55	37.409 6	85	131.493 5

表 3-7-4　KCl 溶液的电导率

$t/℃$	$c/(mol \cdot L^{-1})$			
	1.000	0.100 0	0.020 0	0.010 0
0	0.065 41	0.007 15	0.001 521	0.000 776
5	0.074 14	0.008 22	0.001 752	0.000 896
10	0.083 19	0.009 33	0.000 199 4	0.001 020
15	0.092 52	0.010 48	0.002 243	0.001 147
16	0.094 41	0.010 72	0.002 294	0.001 173
17	0.096 31	0.010 95	0.002 345	0.001 199
18	0.098 22	0.011 19	0.002 397	0.001 225
19	0.100 14	0.011 43	0.002 449	0.001 251
20	0.102 07	0.011 67	0.002 501	0.001 278
21	0.104 00	0.011 91	0.002 553	0.001 305
22	0.105 94	0.012 15	0.002 606	0.001 332
23	0.107 89	0.012 39	0.002 659	0.001 359
24	0.109 84	0.012 64	0.002 712	0.001 386
25	0.111 80	0.012 88	0.002 765	0.001 413
26	0.113 77	0.013 13	0.002 819	0.001 441
27	0.115 74	0.013 37	0.002 873	0.001 496

表 3-7-5　几种溶剂的凝固点降低常数

溶剂	纯溶剂的凝固点/℃	K_f	溶剂	纯溶剂的凝固点/℃	K_f
苯胺	−6	5.87	硫酸	10.5	6.17
苯	5.5	5.1	对-甲苯胺	43	5.2
水	0	1.85	醋酸	16.65	9.3
1,4-二氧六环	1.2	4.7	苯酚	41	7.3
樟脑	178.4	39.7	环己烷	6.5	20.2
对-二甲苯	13.2	4.3	四氯化碳	−23	29.8
甲酸	8.4	2.77	溴化乙烯(干的)	9.98	12.5
萘	80.1	6.9	硝基苯	5.7	6.9
吡啶	−42	4.97	溴化乙烯(湿的)	8	11.8

表 3-7-6　甘汞电极的电极电势与温度的关系

甘汞电极	φ
饱和甘汞电极	$0.241\,2-6.61\times10^{-4}(t-25)-1.75\times10^{-6}(t-25)^2-9\times10^{-10}(t-25)^3$
标准甘汞电极	$0.280\,1-2.75\times10^{-4}(t-25)-2.5\times10^{-6}(t-25)^2-4\times10^{-10}(t-25)^3$
$0.1\ \mathrm{mol\cdot L^{-1}}$甘汞电极	$0.333\,7-8.75\times10^{-4}(t-25)-3\times10^{-6}(t-25)^2$

表 3-7-7　不同温度下水的表面张力

$t/℃$	$\sigma/10^{-3}\,\mathrm{N\cdot m^{-1}}$	$t/℃$	$\sigma/10^{-3}\,\mathrm{N\cdot m^{-1}}$	$t/℃$	$\sigma/10^{-3}\,\mathrm{N\cdot m^{-1}}$
0	75.64	17	73.19	26	71.82
5	74.92	18	73.05	27	71.66
10	74.22	19	72.90	28	71.50
11	74.07	20	72.75	29	71.35
12	73.93	21	72.59	30	71.18
13	73.78	22	72.44	35	70.38
14	73.64	23	72.28	40	69.56
15	73.49	24	72.13	45	68.74
16	73.34	25	71.97		

表 3-7-8 不同温度下水的折光率

$t/℃$	折光率	$t/℃$	折光率	$t/℃$	折光率
15	1.333 41	23	1.332 74	32	1.331 64
16	1.333 33	24	1.332 62	34	1.331 36
17	1.333 23	25	1.332 54	36	1.331 07
18	1.333 17	26	1.332 41	38	1.330 79
19	1.333 08	27	1.332 31	40	1.330 51
20	1.332 99	28	1.332 19	42	1.330 23
21	1.332 92	29	1.332 06	44	1.329 92
22	1.332 81	30	1.331 92	46	1.329 59

表 3-7-9 水的黏度

$t/℃$	$\eta/10^{-3}$ N·s·m^{-2}	$t/℃$	$\eta/10^{-3}$ N·s·m^{-2}	$t/℃$	$\eta/10^{-3}$ N·s·m^{-2}	$t/℃$	$\eta/10^{-3}$ N·s·m^{-2}	$t/℃$	$\eta/10^{-3}$ N·s·m^{-2}
0	1.787 0	10	1.307 0	20	1.002 0	30	0.797 5	40	0.652 9
1	1.728 0	11	1.271 0	21	0.977 9	30	0.780 8	41	0.640 8
2	1.671 0	12	1.235 0	22	0.954 8	32	0.764 7	42	0.629 1
3	1.618 0	13	1.202 0	23	0.932 5	33	0.749 1	43	0.617 8
4	1.567 0	14	1.169 0	24	0.911 1	34	0.734 0	44	0.606 7
5	1.519 0	15	1.139 0	25	0.890 4	35	0.719 4	45	0.596 0
6	1.472 0	16	1.109 0	26	0.870 5	36	0.705 2	46	0.585 6
7	1.428 0	17	1.081 0	27	0.851 3	37	0.691 5	47	0.575 5
8	1.386 0	18	1.053 0	28	0.832 7	38	0.678 3	48	0.565 6
9	1.346 0	19	1.027 0	29	0.814 8	39	0.665 4	49	0.556 1

参考文献

[1] 刘志明,吴也平.应用物理化学实验.北京:化学工业出版社,2009.

[2] 姚广伟,卜平宇.物理化学实验.北京:中国农业出版社,2003.

[3] 贾瑛,许国根.物理化学实验.西安:西北工业大学出版社,2009.

[5] 复旦大学.物理化学实验.2版.北京:高等教育出版社,1993.

[6] 复旦大学.物理化学实验.北京:人民教育出版社,1979.

[7] 孙尔康,徐维清,邱金恒.物理化学实验.南京:南京大学出版社,1998.

[8] 韩喜江,张天云.物理化学实验.哈尔滨:哈尔滨工业大学出版社,2006.

[9] 东北师范大学,等.物理化学实验.2版.北京:高等教育出版社,1989.